Orange
橘子洲

我想成为一个根系扎实的人

뿌리가 튼튼한사람이 되고싶어

〔韩〕申美京 著
董雪丽 译

甘肃人民出版社

图书在版编目（CIP）数据

我想成为一个根系扎实的人 / （韩）申美京著；董雪丽译. -- 兰州：甘肃人民出版社，2022.8
ISBN 978-7-226-05840-4

Ⅰ. ①我… Ⅱ. ①申… ②董… Ⅲ. ①心理学—通俗读物 Ⅳ. ① B84-49

中国版本图书馆 CIP 数据核字（2022）第 115703 号

甘肃省版权局著作权合同登记号：26-2022-0016

责任编辑：马元晖
封面设计：小贾设计

我想成为一个根系扎实的人

（韩）申美京 著
董雪丽 译

甘肃人民出版社出版发行
（730030 兰州市读者大道 568 号）

北京中科印刷有限公司印刷
开本 787 毫米 ×1092 毫米 1/32 印张 7.5 插页 2
字数 136 千
2022 年 8 月第 1 版 2022 年 8 月第 1 次印刷
印数：1-8000
ISBN 978-7-226-05840-4 定价：45.00 元

目录

CONTENTS

辑二 把好好吃饭当成大事

辑三 不那么辛苦也能拥有健康

辑四 现在这样就很好

辑五 散落的生活碎片

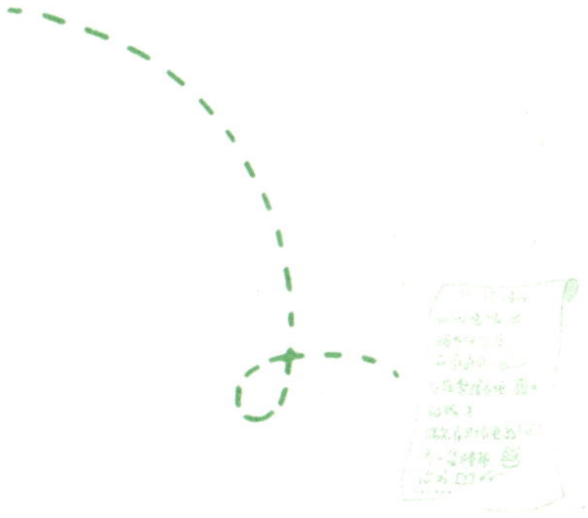

辑六 我需要鼓鼓的钱包

辑七 “八小时以外”的生活是存在的

辑八 每个人都需要一个洞穴

辑九 不无聊真是太好了

结语 今天创造了明天

即使年纪大了也不会害怕变化，

一直尝试新事物——

我想成为那样生机勃勃的成年人。

前言
活出自我也需要勇气

小的时候，我觉得以著名服装设计师的身份，穿着时尚新潮的衣服，魅力四射的照片荣登杂志封面，这就是幸福的人生。大学毕业以后，随着艺术修养的提升，我想成为一名可以尽享自由、优雅而知性的女性。但是现在，我的想法完全不一样了：如果能够被生活温柔以待，即使每天只是过着平稳简单的日子，又何尝不是一种幸福呢？

下班回到家，舒服地冲完澡，随手翻阅一本自己喜欢的小说，清凉、平静的幸福感便悄然涌上心头。我非常喜欢埃尔诺的小说《单纯的激情》，特别是书中关于“奢侈”的论述，令我印象深刻，正是这段话，改变了我对“幸福”的理解。

有一座为我遮风挡雨的房子，不必豪华，但清幽安静；读书的案台边，放一杯有助安眠的甘菊茶；第二天的上班准备都已经做好；为了高效地做好早餐，我把需要的食材备好，放在了冰箱里；入夜，周围一片寂静，没有嘈杂的声音，可以安稳地睡到天亮。

很多人主张，幸福就是过好眼前的日子，但我也会适当投入一些时间，思考和经营一下不远的将来。我相信，与其追悔过往，厌恶曾经的自己，不如花点时间，多做一些值得回忆的事，与自己尽快和解并和平相处。

保持良好的生活规律，穿戴整齐，好好吃饭，按时睡觉，这些看似简单的日常习惯，就是活好自己的最佳方法。我改掉了过去边吃外卖边看电视的习惯，自己动手做点色香味俱全的饭菜，稳稳地坐下来品尝；以前我总是贪睡，不肯早起晨练，现在已经变了，每天早晨醒来，几乎不用大脑下达指令，就会自觉地铺好瑜伽垫。之前一拖再拖、迟迟不能开始的健康管理，不知不觉间，已变成了我身体习惯的程序，成为每一天坚实的支柱。

谁都知道，好的习惯有助于提高生活质量。每个人也都希望，好的习惯能够成为自己生活的自发行为，从这一点上说，坚持比开始更重要，也更困难。在那些不想早起、不想运动、不想动手做饭的日子里，我总会因为工作忙、临时聚会等各种理由说服自己——“今天就算了，明天再继续也行”。守护健康的坚定决心经过了“三分钟热度”的多次反复，终于慢慢内化成为身体的自发程序。可惜的是，我在学习和兴趣等方面下过的某些决心，却在中断了无数次之后放弃了。但是，我日常锻炼的部分，并不都像“减肥”之类很难养成的习惯，大部分没那么难以坚持。比如，早起出门呼吸新鲜空气，安静地散步，放空大脑保持冥想等，很容易开始，也不太难坚持。

在培养这些习惯的过程中，我体会到，哪怕只是这样微不足道的短暂的享受，也足以让我生起过好这一天的力量。我觉得，比起专家和朋友们推荐的那些好习惯，自己在日常生活的不断重复中找到的最有意义的事情，更适合自己。所以，不妨拿出纸笔，列出自己不可或缺的好习惯清单——不为契合他人的标准，而是为了活出最佳的自己。

我第一次验证好习惯的效果，是在实行极简生活的时候。在那之前，我的工作、健康已经一塌糊涂，账户余额惨不忍睹，我想改变这一切，但不知道从哪儿开始。持续进行了深度思考之后，我决定从最简单的事情做起。于是，我开始每天整理一个抽屉，收拾出了满满一化妆包闲置不用的护肤品。处理掉这些东西，我感到心里轻松了不少，而且体会到了小小的成就感。之后，我尝试着整理自己那黑洞一般的衣柜。这些整理活动看似跟工作业绩、账户余额毫不相关，但效果出奇地好，我的生活一点点改变了。

我发现，能改变的只有自己，别人和周围的情况，很难只靠一个人的努力就发生变化。人常会因为那些无法改变的事情感到焦虑不安，失去平常心，遭受挫败感的打击。不过我相信，持续保持良好的生活习惯，让它们像程序一样植入自己的体内，不管什么时候都不发生太大的动摇，就能抓住繁杂事务的中心，让工作和生活变得井然有序。

为了找到最适合自己的生活程序，我千挑万选，也做过很多尝试。虽然每次想培养一个新的好习惯时，我总是抱着“试试看”的心态开始的，但执行起来，往往都是非常努力的，一副认真生活的模样。我喜欢比现在领先一步规划未来，总能站在未来看待现在；我想和形影不离的自己和平共处，即便成了老奶奶，也依然帅气优雅，这是我追求的人生方向。当然，如果读了这本书，你也能用心关照自己生活中的点点滴滴，让好习惯成为自发的程序，并且珍惜琐碎日常中的小确幸，那就太好了。

写于我快乐的家里

申美京

辑一 一个人也要好好生活

活在当下的生活态度

你不将就，生活自会讲究

“要说女人怎么样才算‘可以结婚’嘛……就要上得厅堂，下得厨房，安得上水龙头，通得了马桶；举止端庄，说话得体，会装修房子，能拾掇园子，哈哈哈……”一位女同事一口气列举了一大堆要求，说她有了这十八般武艺加身，才终于“可以结婚”了。她的话让我想起，在日语中，将女人所拥有的这般战天斗地的能力称为“女子力”。我一直觉得这个词带有一定程度的歧视，它似乎在向我们传达，身为女人必须做到这些，必须达到这样的水平，才具备“可以结婚”的资格。然而在我看来，刻苦修炼生活的必杀技，本不该作为硬性条件，成为准新娘们的必修课。女孩们为了今后自己能够更好地生活，心甘情愿地付出努力，而这些能力不应该和婚姻挂钩。现实情况却是，只有具备了高超的“女子力”，才能获评“可以结婚”。听了她的话，一种莫名的感觉涌上心头。虽说人不结婚往往难以真正成熟，但是对我来说，婚姻是可有可无的，结婚也不是实现人生目标的唯一途径。

前段时间我去一个朋友家拜访，那时她刚从父母家里搬出来独自生活。在她的新家，我惊讶地发现屋里几乎没有一件像样的东西。也因为没有书架，书要么靠着墙立在搁板上，要么堆放在各种各样的箱子里，就像昨天才搬过来还没来得及收拾一样。

“等结婚的时候，肯定要家具家电一应俱全的，锅碗瓢盆都要买高品质的。但是没结婚之前，先这样将就着过吧！”她笑一笑，耸耸肩，向我解释说。

而眼前这个家，没有一点情调的空间，被她称作“结婚之前的临时居所”。在这个居所里，大小物件无一不透露着“暂时将就一下”的气息。主人的想法是，所有好东西都要等到结婚时再买。我很想对她说：“你可以买些好的家居用品先用着，结婚的时候带过去也行。”但是涌到嗓子眼的这些话，被我硬生生地咽了回去——毕竟每个人的生活方式不尽相同。比如我，到现在还没能过上悠闲自在的生活。但还是觉得，经济不太窘迫，在干净整洁的家里享受惬意的休闲时光，这样的生活方式更让人觉得心满意足。说起来，在靠自己的力量打下这样的生活基础之前，口头声援我的人也不少，但是没有一个人真的能掏钱替我付房租。

“每个人都不容易啊！”想到这儿，我觉得对这位能够自食其力，拥有独立生活必备品的朋友，无法再苛求什么了，没资格担心和评价她……只是直到现在，还没听到她结婚的消息，每每想起她来，我都很想知道，她那些书是不是还胡乱地靠墙立在搁板上。

人任何时候都没有“临时的生活”。昨天的我创造了今天的我，而明天，任何未知的事情都有可能发生。我们真正能掌控的，就是认真地活在当下，照顾好此时此地的自己。

对于一个人的生活，我是颇为熟悉的。一切靠自己，不依赖任何人，这样的日子偶尔会感觉孤单寂寞，但也不至于到无法忍受的程度。因为我知道，无论是每日辛辛苦苦打卡上班，还是急急忙忙回家洗衣做饭，都没有必要哀怨或是不平，这就是寻常人过的寻常日子。

闲暇的时候，跟聊得来的朋友们见见面，聊聊天，逛逛街，或是看看自己喜欢的展览和演出，其余大部分时间宅在家里读读书，看看电影，一个人过着中规中矩的平稳生活，就是我期待中的生活的模样了。

能用一辈子的东西

最近我一直在琢磨着买一张质量好的原木桌子，还想在书架上摆满哲学、艺术史等方面的书籍。这段时间我的想法与极简主义的生活态度相去甚远，欲望暴涨，虚荣心飙升。其实，家里的沙发和桌子才用了三年，我就满脑子热血地想买新家具了。在SNS① 上看到巴黎一些公寓的装修照片后，再环顾一下自己的家，顿时感觉我的生活空间是如此索然无味！

有一天，我跟在生活杂志社工作时的一位前辈一起去梨泰院看家具。在前辈非常专业的指导下，我看了很多家具，但是没有遇到那种一眼相中的。但我仍不死心，一边不停地搜寻着新桌子，一边想象着，在新桌子上度过美好的用餐时间，该有多惬意！前辈一脸好奇地问我："你这是为啥呢？我家十年多的家具，都还好好地用着呢，你这么新的桌子为什么就要淘汰了呢？"

就是啊，我为什么会这样呢？搬进这所房子的时候，我新购置了很多家具和电器，原因是多方面的，其中有一点，就是我想

① SNS：Social Network Site 的简称，泛指社交网络。

和新东西在一起，有一个全新的开始。可是没想到，我居然这么快又想买新家具了。虽说“不满足于现状才会有进步”，但是在对物质的需求上，我还不想这么朝三暮四、喜新厌旧。

回到家里，我仔细审视着现有的家具，虽然不是多么奢华的设计，但也都是用着很舒服、很顺手的。我应该爱惜它们，小心使用，用上一辈子。我从姐姐那里拿回一副窗帘，它已经有十六年的历史了，虽然花纹与现今流行的样式相差甚远，却有着非常古朴的魅力。我家的组合式衣柜，在六年的时间里经历过两次搬家拆装，搬家公司的人说：“再拆解一次就无法保障它的寿命了。”也许，这里将是它们最后的居所了。

回到父母家，我常常看到小时候用过的碗还被端上桌。在我眼里，这是充满了岁月记忆和复古魅力的老物件。可对妈妈来说，这就是她每天正在使用的家什，与岁月和复古无关。这些碗，不会被珍视，也不会被嫌弃，每天拿起放下，随手取用，是一种已经融进家庭生活的存在。一直以来，我都喜欢新潮高档的东西，那些沾满烟火气息的朴素的生活用品，对我缺乏吸引力。与妈妈年轻的时候不同，我们现在什么都很容易买到，衣服、餐具用过几次就腻了。替代品更是层出不穷，多新鲜的款式都没啥稀罕的——一觉醒来，就会有更好更酷的东西诞生，昨天到手的物件，今天就已经是旧款了，大家总是热衷于追求新鲜和刺激。

我全情投入在极简生活的那段时间，听到有人说："极简生活是那些曾经拥有过很多的人，才可能实践的生活方式。极简主义者都是不分青红皂白把原先的东西全部扔掉，只为了买新的。"这样的观点，就像前面故事里的我一样，真令人惭愧啊！直到现在，我的老毛病也没改掉，对新东西依然抱有控制不住的热望和好奇。这种热望也为我的生活带来不少负累：很多东西，地摊货也好，高档货也罢，往往都没用过几次就闲置在那里，起初舍不得扔，直到积满灰尘后才终于被丢进了垃圾桶。

上班的路上，我背着又沉又不方便的香奈儿包，在人满为患的地铁里挤来挤去。这就是我过去的样子，一个人如果不懂得满足于已经拥有的东西，而痴迷于寻找那些更新奇更昂贵的东西，也许就会像被炙烤着一样焦渴而死。

有那么一段时间，我固执地认为，价格昂贵的东西才值得长久使用，以为收藏奢华品牌，或是各领域名人精心制作的东西，才是一种美好的生活。即便现在，看到这类东西，我还会生起"立刻拥有"的冲动，但这种冲动也会一闪而逝。因为我知道，那些和我一起经历了岁月，已经用顺手了的东西，最熟悉、最平和、用着最舒服，有它们其实就足够了。

当我认识到，生活中最重要的不是满足物欲之后，再买新东西回家的时候，我会考虑很久。换季的时候，我一般会添置一两套新衣服，买的时候也会认真思考："这件衣服能穿到什么时候，变成老奶奶的时候还能不能穿？"这么想着，我就不那么在意衣服的款式了，而更倾向于选择那些设计简单、做工精细、材质天然的衣服。

我的脑海中常常出现这样的画面——三十年后，站在用了三十年的镜子面前，看着镜中穿戴整齐、准备出门的老奶奶，我情不自禁地说："啊，20 岁时买的这条围巾，和 40 岁时买的这件毛衣，搭配起来真不错啊！"

用一生来热爱工作

读中学的时候，有一次语文老师把我叫到办公室，夸奖我说：“你的作文写得相当不错，实力不容小觑啊！”受到老师表扬的那篇文章，主题是就某一种社会现象展开评论，是一篇不能掺杂虚构内容的文章。接下来的一次作文课，老师给我们看了一段剧情很狗血的电影，讲的是一个大富豪被鬼魂复仇的故事，老师要求我们以此为中心进行叙事。我写了一篇针对资本主义、带有讽刺意味的短篇小说。老师看了之后频频点头，我心里琢磨着：有这么好吗？是不是太夸张了？

或许是老师的称赞，让我生发出某种力量，我的生活确实朝着以写作为中心的方向发展了。十几岁的时候，我常常把时尚杂志上的某些评论抄在本子上，也模仿着写了一些。过了一段时间，自己写得数量也不少了，有一天我突发奇想：能不能自己制作一本杂志呢？于是，我起早贪黑地泡在网吧里，精心制作了一本自己的数码杂志，刊载着近期时尚界有一定影响力的消息。接下来就是向周围的人推广我的杂志，让他们订阅——这件事可比跟朋友们一起打游戏有趣多了。考上大学那年，家里给我买了一台电脑，于是，我正式开始写博客。那段时间，我每天忙着捕捉热点、策划选题、收集照片、斟酌文字，忙得不亦乐乎，但是也没想过，写作会成为我未来的职业。

仅仅凭着“感兴趣”这么一个原因，我的博客一直没有间断。大四那年，有一家出版社看到了我博客上的时尚专栏，可能觉得很有意思，就找到了我，提议我把相关的内容整理一下，结集出版。我那时别提多高兴了，心想：大学期间就能出版一本与时尚相关的书，对于日后进入时尚界工作，肯定会大有帮助！这本书的出版，成了我职业写作生涯的开始。要知道，对一个正在读书、尚无成就的普通女孩来说，能够以这样意想不到的方式出道成为作家，能够拥有这样的机会，真是太神奇了，就像做梦一样！仔细想想，在“我的理想”一栏里，填上“作家”这种事，除了小时候读《长腿叔叔》或《小小姐们》心血来潮时干过，恐怕就再没当真想过了……

我曾一度认为命运是开拓的，但现在，我更倾向于命运是注定的。刚刚被告知“可以出书”的时候，我会为“天降如此大礼”而激动不已，一想起来就心潮澎湃。但是，当我理性地看待这件事时，才恍然明白：是不为任何名利而开始写作，是一声不吭、坚持不懈地写作，才使我走到了今天，这些默默无闻的努力，注定了天将降大任于我。反观我的职业，小时候我就在脑海中清晰地描绘过，作为服装设计师，过着奢华的生活。但是，对小时候的我来说，无论自己多么努力学习，也不会如命中注定一般，得到导师和贵人的相助。

恰恰相反，我应聘服装设计师接受面试时，面试官嘲笑我穿戴寒酸，把我的衣着同一位意大利马兰欧尼时装设计学院出身的面试者的华丽衣着进行了比较，使我受到了很大打击，挫败感油然而生。那时候，我被困在了“想象中的我”里，看不到默默写作的“现实中的我”。每天写点文字，不过是习以为常的事罢了，没什么特别的。我每天在写文章上花的时间，比设计鞋子的时间更多，但我总为追逐自己没有的东西而焦急，对已经拥有的却浑然不觉。

人一旦建立了“我是什么人”的想象框架，并沉溺其中，往往不太容易客观地看待自己，这时，如果能冷静地观察一下别人给了你什么样的机会，则会大有裨益。

因为，总有那么一些地方，是无论多想去也进不去的。却也总有那么一些时候，不知为何，竟然有人给了我这样的机会。工作上也是如此。也许正是因为这个原因，以前非常相信的“念念不忘，必有回响”的说法，如今也不那么相信了。反而觉得内心过于迫切，很容易受到伤害，愿望无法实现时，会更加失望，甚至绝望。一门心思想要成为某种人的执念，会影响人看向其他方向，极有可能阻断自己走向另一个方向的路。

现在我认为，不耽于幻想，只要按部就班地行动，我所行的路就是我的命运。整个宇宙都会助我实现梦想，这样的事情哪怕只经历过一次，也不能算没有，对吧？虽然我没能成为从小梦想的“时尚潮人”，但是只问耕耘不问收获地坚持读书写作之后，成了一名记者，担任宣传方面的负责人，同时兼作专栏作家，不管怎么说，我也算是一位职业作家了。

我最喜欢的事是自然地融入生活。至圣先师孔子曾说：“知之者不如好之者，好之者不如乐之者。”一个人发自内心喜欢的事情，就是他的“天生我材”。韩国第一位肖邦国际钢琴大赛冠军赵成珍和世界级花样滑冰选手金妍儿，小小年纪就跻身于巨匠行列，从他们的讲述中你会发现，他们的想法都很相似，也很简单：“别想那么多，好好干就完了。”

人做自己真正喜欢的事，就不会有烦恼。通常也并不是先定下明确的目标才开始的，只是单纯地因为喜欢、想做，所以不怕苦，也没有什么特别的算计。如果你已经找到了这样的事，那就果断开始吧，不论成功与否，都坚持做下去。人一旦对成功产生贪念，事情就容易因为负担和压力而失去乐趣。

就这样，怀着“今天还能写，太好了”的轻松心态，我日复一日继续着自己钟爱的事业。仅仅因为有一件愿意终生孜孜以求的事情，就足以令许多个清晨，一睁开眼睛就怦然心动。

“胆小鬼”的生活方式

我在一家跨国公司工作时，听到过这样一个故事：有一位职员滥用职权，他的下属职员中有一个法国人，为了检举上司，多次向上级报告，他说“Once is not enough.”，意思是只说一次不足以使其改正错误，要反复多次地说才会有效。他的这句话，令我印象非常深刻，而且被我活用在生活中的其他方面，比如“如果不放心，只检查一次是不够的”。

为了预防火灾，我每天早上出门前都要检查两遍，确保拔掉了所有插头，关上了煤气阀门。有一年冬天，我出门忘了关锅炉的暖气，等下班回来，发现家里像桑拿房一样。这件事让我结结实实长了个教训，从那以后，锅炉开关也纳入我的“绝对管制”范围。这些都是我强迫症一样地反复检查的安全习惯。

问题是并非只要做好防火就能万无一失，就不会给彼此造成伤害。随着年龄增长，知道的东西越多，人就越胆小，害怕的事情也越来越多。我大概是狐獴类型的人。狐獴对周围环境异常敏感，一看到网，就能感知到危险存在。我也是这样，任何时候都不会放松警惕。原本我是个大大咧咧的人，可能一个人生活久了，就慢慢变成了这样——我的收件人信息中，性别是“男”。每次拆完快递，我都会把包裹上贴着的个人信息纸条用碎纸机粉碎，彻底清除痕迹后才扔出去。原则上，如果没有其他人在，我几乎不点外卖。即使在家，如果不是事先约好的访客，门铃响了我也不会开门。

有一次，跟一个长期独居的朋友聊安全方面的话题，她告诉我，快速按 5 次 iPhone 手机的侧键，就会发出警报；并且，如果手机上装一个“112”的应用程序，警方就能获取到报警时的准确位置，更加可靠。

她自嘲说：“是不是应该买一把泰瑟枪保护自己？”

我苦涩地回应道：“唉，我们生活在一个需要买防偷拍探测器的时代。”

每天通过电视、手机，我们都能看到、听到各种犯罪案件的新闻发生在无法预料的地方。但是我认为，交流如何自我保护的人都是生活的强者。肯定有人不认同这种做法，说我们太过紧张，但是人身安全往往与警惕性成正比。我们不依靠别人，自己保护自己，这种生活智慧，怎么能被认定是“夸张”呢？

近年来，人们对于防灾减灾越来越关注，以至诞生了“安全麻痹症”这个词。众所周知，韩国不像日本那样台风和地震频发，韩国大部分的事故都是火灾或建筑物坍塌等人为因素造成的，所以人们对于在危机中如何生存缺乏深入的思考，也可能是因为从小就没有接受过系统的防灾教育。我曾经有两次几乎遇险的经历：有一次是被困在电梯里，最后成功逃出来了；还有一次是在12层公寓楼，感到建筑物在地震中左右摇晃。虽然我心中的灾难印记仅只这些，而且都没有造成严重的后果，但这些记忆都促使我更加关注如何应对灾害，保护好自己。

几年前浦项和庆州发生的地震引发了大众的热议，多少人感叹：“原来韩国也不是地震的安全地带啊！”一时间，日本为应对灾害给市民们分发的教育资料——《东京防灾》的韩文版在网络社区广为流传。我非常仔细地读了那本册子，认真学习了地震中逃生和自救的知识。其中提到的“循环储备法”也引发了人们的关注。地震或其他自然灾害发生时，为了保证能在室内生存，可以用“循环储备法”准备食物。这种方法强调人们要有“日常储备”的意识，也就是说，平时家里要有意识多囤点食品，记录好保质期，及时消化并及时补充，让家里总是保持着大概一周的食品储备，这样就可以在得不到外界任何援助的情况下，也能照常生活一周。

那时我虽然正力行着极简的生活方式，也还是改掉了冰箱里只存放“一日量”食品的习惯，改成以周为单位储备食品。如果是为了应对室外生存，就需要准备应急的帐篷，以及最低限度的生活必需品。

生活必需品因人而异，所以不需要按照固定清单全部备齐，而是应该有针对性地列出自己的必需品，这一点也是值得画线标重点的内容。新闻上说强台风即将贯穿朝鲜半岛的那天，我把重要文书、简便食品、洗漱用品、急救用品和用以保暖的衣服等，装进一个专门的应急包里，放在了玄关的柜子里。其实不光是应对灾害，身体不舒服需要晚上去看急诊的时候，也可以带着那个包。得益于这样的习惯，我每次看到有关灾难的新闻，第一反应不是害怕，而是在头脑中快速过一遍如果灾难发生时我的应对流程。因此，比起恐惧灾难，每个人都更应该通过训练掌握应对灾难的方法，以保证自己在任何情况下都能沉着地活下去。

电影《少年派的奇幻漂流》讲述了主人公派在大海中与老虎共存，经过长时间漂流最终生存下来的故事，这部电影堪称“海洋生存法则”的教科书。派懂得不能喝海水，而要喝雨水；会通过捕鱼解决吃饭问题。面对虎口也要求生的本能，给了漂泊在茫茫大海里的派永不放弃的信念。派从小就学游泳，这也提高了他的生存概率。

虽然电影最后终于转危为安，但这种灾难片可以让人产生对比和反思：如果是我，在那样的情况下，会做出什么样的选择呢？是选择放弃无奈地死去，还是拼尽全力，化解每一次危机，勇敢地活下来？其实问题的答案，就包含在我的生活方式中，一看便知。

有计划性的“大人”

像个背着大包袱的流浪汉一样，我今天也是以这种造型走向工作岗位的。我认为，包的重量就是生活的重量，我想最大限度地减轻负担。但是，收拾包的过程，只是让我更加深刻地体会到，在韩半岛的极端天气之下，要过极简主义者的生活是很难的。

SNS 上有一个段子说，檀君[①]当年在寻找住处的时候，被人骗了，没能在宜居的地区定居下来，以至我们国家的夏天比非洲还热，冬天比西伯利亚还冷。唉，我们的祖先怎么可以遭遇这样的骗局呢？真是令人心痛又无奈啊！

不管是夏天还是冬天，出门的时候我们的包里都得鼓鼓囊囊地塞满各种东西。在炎热的夏天，出门要带上宽檐的帽子、墨镜、手帕、扇子；在寒冷的冬天，可以折叠的薄羽绒服、围巾、手套等缺一不可。如果第二天有商务会议，还得把需要的文件也放进

① 檀君：朝鲜建国神话中的人物。《三国遗事》称，天神帝释的庶子桓雄下凡于太伯山，在檀树下与化成人身的母熊结合，诞下了檀君。之后檀君建立了檀君朝鲜，在建国 1500 年后，隐居为山神，一共活了 1908 岁。

包里。只有到了春秋两季，才可以不用背着沉重的包出门，只要把钱包和手机放进外套口袋里就行了，想带书就用胳膊夹着。可是，能享受这种轻松感的时间怎么那么短呢！每天晚上，看着第二天的天气和日程，一丝不苟地整理包的时候，我分明感觉在这件事情上跟小时候一模一样，一点也没变，只是身体长大了。

还记得那是小学的最后一年，我就像现在一样，看着第二天的课程表准备好教科书，把削好的铅笔按个子高矮排列好，妥妥当当地收拾好书包，然后才去睡觉。我从小就喜欢为第二天做准备，喜欢做准备的过程。我们家有兄妹三人，妈妈每天都很忙，没有时间细心照顾我，所以我得自己照顾自己。可能正是这个原因，我那每天都为明天做好准备的计划性，是从很小的事情培养起来的，慢慢渗透到日常生活的方方面面。

如果一种习惯内化成了无意识行为，那么不管你是否喜欢，都会相伴终生。虽然那时我有各种缺点，但有计划性地做事确实是为数不多的优点之一。现在的我依然会每天提前做好第二天的上班准备，能有这样一个好习惯，真想称赞一下小时候的自己。

当然，人不可能面面俱到地提前做好所有事情，根据重要程度不同，计划性的程度也会不同。偶尔也会因为太忙，没能及时把衣服送去干洗，在必须穿正装的日子，穿着不太干净的衣服，一整天心里都别别扭扭的，这样的情况也是有的。唯独在为第二天做准备这件事情上，我从不马虎，无论是半夜还是凌晨，是以什么样的状态回家的，都不会忘了为第二天的工作做好一定程度的准备，才去安心睡觉。

对我来说，提前做好准备，从而赢得悠闲的早晨时光，是一件相当有魅力的事。说起来也挺神奇的，我从小就有“明天起就是新的开始了”的想法，特别是临睡前很不开心的时候，我会反复对自己说这句话，小小的心相信着睡醒之后就会重生。因为人体细胞每天不断死亡、再生，我的想法应该也不是毫无根据的信仰。今天细胞的状态和心情肯定与昨天不同，否则就无法解释为什么会产生喜悲不同的心境。虽然每一天和前一天相比，身体没有太大差别，但是状态却不尽相同。

为了明天可能略有变化的我提前做点准备，真是一件令人激动的事。这种稳妥靠谱的计划性，已经成为深植于我体内的应用程序，润物细无声地提高了我的生活质量。

干净的衣服熨好挂在衣柜里，需要的时候直接就可以穿；一转眼就做好早饭，也并非有田螺姑娘相助。做好这些事情的人正是昨天的我，而如果没做这些事情，却不会产生任何不便，依然可以维持正常的生活，那一定是有别人在替我代劳。

突然意识到，从小我就自信能把所有事情处理好，常常闹钟响了也不急着起床，直到听到妈妈大声喊我起床才睁开眼睛，一走出房间就闻到一股饭香。这样的早晨时光多么美好啊！多亏了爱我的妈妈，我可以轻松开始一天的学习。猛然发现，记忆中的那个不会表达感恩、理所当然地享受着一切的我，如今已到了不能再撒娇的年龄了。

某天读到的一篇文章

人得知道自己无知才能成长。但是，如果每天继续运用着已知的东西，怎么能知道自己无知呢？

——《瓦尔登湖》亨利·戴维·梭罗

人的态度可以缩略为简短的对话，或是书中的一个句段。

——《希望的理由》简·古道尔

什么时候都要读书。千万不要对眼光狭隘的我感到失望，因为我也可能受眼界所限，把眼前所知的东西当作世界的全貌。所以希望大家能以开放的心态接受新事物，不断拓宽视野。人每天都应该学点东西，科学知识、人生智慧或者生活小妙招之类的都可以，哪怕跟人学学怎样让自己开心快乐，也都是一种收获。每天生活在一个框框里的人，很容易成为一潭死水。受到活动范围的限制，人总是在一个狭小而且固定的人际圈中，经历着喜怒哀乐，就很容易被媒体上宣传的所谓大咖、专家或权威人士的话洗脑，甚至渐渐忘了批判的方法。

即使不带包出去，也一定要带一本书。把读书作为习惯，可以从别人的观点里学习看待世界的方法。特别是受到广泛好评的书，不妨多读几遍，将其精华消化吸收，变成自己的思想，促使自己的生活方式发生改变。

一直以来，我都想弄清楚“为什么活着”这个问题。一个人不知道生而为人的目的，自然也就不知道该怎样生活，厘不清生活的头绪，因而常常陷入彷徨。我没有宗教信仰，也不信奉某一特定的哲学思想，信念上没有任何偏重，常常会因为生活没有重心而摇摆不定。因而对我来说，读书是极大的慰藉。

当我感到疲累、厌倦的时候，就去书店或图书馆转转，会发现自己想读的书是那么多。在英国作家罗尔德·达尔的小说改编的音乐剧《玛蒂尔达》中，天才少女玛蒂尔达 4 岁时，第一次知道了图书馆。当她得知图书馆里的书可以借回家读的时候，就借了满满一车书。看着剧中玛蒂尔达一边喝可可，一边读书的样子，我的内心感受到了与她一样的喜悦。

书是我一辈子的朋友，任何时间地点，我都有可能翻开一本书读上一会儿。除了在家读书，我在地铁里读书的时候最多。一想到那么漫长的通勤时间可以读书度过，就不觉得上下班挤地铁有多累了。只要读文学作品，我就会像“红头发的安妮”一样，生活在用浪漫和想象构筑的世界里——我的世界并非单独存在，而是一个由不同领域紧密交织，并且有序运转的地方。我认为，读书不能挑食偏食，广泛涉猎社会、经济、人文等多个领域的书籍，有助于改变自己狭隘的思考方式。

答案一直在自己心里，只是找到答案的过程很曲折。没有不彷徨的人生，彷徨本身就是在努力寻求改变的一种体现。今天，我也要寻找一篇文章，用文中某人的彷徨和醒觉，抚慰内心。

用表格记录生活

我曾经参加过一个装饰品牌的设计潮流研讨会。我在存档的文件中以“趋势类档案文件”作为关键词进行搜索，搜到了很多有关创新的核心文件。细细看过之后，我惊喜地发现，过去的许多构思居然成了解决未来问题的钥匙。这件事为我强调备忘录的重要性，提供了一个有力的实例。

比起备忘录，我更喜欢把各种事情整理成列表。因为我是iOS用户，所以经常用Number这个APP制作并管理表格。记账、制定食谱时，也会把现有的衣服目录、常买的生活用品清单、打扫卫生的周期、去医院和吃药的记录等，都做成表格进行记录。还有像生理周期、睡眠、步数统计等跟健康有关的内容，我一般也会交给手机的相关程序来掌握，会更准确一些。

通过表格来管理各种事情，是我在长期的职场生活中养成的习惯，因为表格一目了然，就不会因为担心遗漏了什么而感到不安了。像我这样比较自律的人，做表格对克制欲望也大有帮助。

想买大件东西的时候，看看资产现状表，规划一下还需几个月能达成目标金额，这样就可以安抚自己暂时忍耐，不要冲动。这不得不说是做表格的一大好处。

肯定有人觉得，做表格很累，需要非常仔细才行。我相信人们一开始并不喜欢事无巨细都用表格管理，但是随着需要记住的事情逐渐增多，就会发现靠大脑记住那么多事情是很难的。比如常买的某品牌衣服的尺寸、货号等，很容易混淆，类似这样经常要做的事，如果有记录可以参考，那就方便多了，特别省时间，就像有了一位精通业务的秘书一样。

不仅是生活琐事，学知识的过程和捕捉灵感的瞬间，我也会及时记录，整理成表格，或是用一种叫 Pages 的软件制作成文本文件。看过的书籍、电影、展览等，我通常也会选择一些需要的东西作为素材，主要是文章或故事。当灵感来袭想要写作的时候，常常可以用上这些素材。

做表格不仅能提高效率，还有其他功用。比如，你哪怕只是像理科生那样毫无修饰，只是罗列事实地记了日记，一段时间之后再看，也能清楚了解此前的足迹。从收集的文章中，也可以看出那个时期的自己对什么内容感兴趣——我沉迷于极简生活的那段时间，很明显，所收集的文章中“最少”这个词极为高频。仔细看看每日歌单，也会很容易洞悉那个阶段内心感情的走向。

我始终无法明白“找到自我”的意义，关于“我到底是谁”这个问题，也许穷尽一生也无法找到答案。有一段时间，我迫切地想知道自己存在于世的理由，盲目地听从了别人的建议，出门旅行，远离日常，把生活简化到极致，试图透过最后还剩下些什么来参透“我是谁”。但是现在，我已经不再好奇我是什么样的人了。我的表格里清清楚楚地写着：我有很多藏青色的衣服；每日餐食中，鱼比肉多；关心健康、关注养老……我的清单里记录着这样一个我。

我曾经以为自己会是一个更为复杂、微妙的存在，现在看来，就如表格里所体现的那样，过着相当简单的生活。

辑二 把好好吃饭当成大事

健康饮食习惯养成记

吃好每一顿饭

有一部日本电视剧叫《不能结婚的男人》[①]，主人公是一个40岁的单身汉，他独自生活，但是一点都不邋遢，每天把屋子收拾得干净利落，还亲自下厨非常优雅地做着一个人的饭。剧中他的人设性格很孤僻——隔壁邻居家噪声很大的时候，他要么恶语相向直接撑，要么大声播放肖斯塔科维奇的第五交响曲暗中还击。这样的性格使他没能找到一个合适的人结婚，只好一直单着。

对我来说，看这部剧不是因为对"结婚"的话题感兴趣，而是觉得剧中的料理很有意思。主人公的冰箱里，所有食材都整理得干干净净，摆放得整齐有序，看着真是赏心悦目啊！看他把那么多样的材料一一备好，一点也不嫌麻烦地细心卷着寿司的样子，我觉得他对自己当下的生活还是非常满意的。当然，也有可能因为我目前的生活跟他差不多，他的行为格外引起了我的共鸣。

今天我开了一瓶名人制作的海鞘酱，用它做了一碗海鞘拌

① 《不能结婚的男人》：于2006年首播的爱情喜剧类日本电视剧，由阿部宽等人主演。韩国KBS在2009年6月翻拍播出。

饭。在刚焖好的杂粮饭里放上洗净切碎的蔬菜，再加一点海鞘酱搅拌均匀。海鞘特有的香味使得拌饭里无须再加入其他什么佐料，只需一滴香油就足够完美了。配上热乎乎的荠菜大酱汤，悠闲地吃饱喝足，一天的疲劳感立刻消失不见了。一个人的饭菜简单省事，但是很健康，也很美味。

“越是一个人生活，越是要吃好每一顿饭。”话虽如此，又有多少人能长年累月地坚持好好吃饭呢？现代发达的餐饮业和配送服务，想吃什么都能方便地买到，还有必要亲自下厨吗？很多人都觉得做饭浪费时间，但是外出就餐越频繁人就越胖，还会养成肚子不饿、嘴巴很馋的习惯。频繁摄入高油、高盐、高糖的食品，可以视为一种食物中毒。当我意识到最大的资产就是自己的身体时，我决定不再胡吃海喝，而要像喂养小宝宝一样，减少加工食品，选择天然、有机食品，多吃新鲜蔬菜和优质蛋白质。现在的我，就像埋头教科书的好学生一样，潜心学习吃饭和做饭。

做饭一旦成了日常生活的中心，买菜就成了一种“小确幸”。最近我去了乡下一个本地农产品直营店，在那里，各种各样的蔬菜新鲜诱人，而且价格非常便宜。我看到什么都喜欢得不得了，都想买，只好一边咽口水，一边克制着自己蠢蠢欲动的购买欲。难怪很多人喜欢在农村生活，收获什么就吃什么，吃什么都香呢。

我尽情欣赏着这些带着淳朴乡土气息的蔬菜和谷物，颇有一种在商场里购物的感觉。如果说进口食品店里陈列的高档而昂贵的食材是华丽的丝绸围巾，那么本地农产品就像朴实无华的针织衫，质优而价廉，适合每日穿着，给人亲切又熟悉的感觉。

我常去的菜店有一两家，在那里可以亲眼看着蔬菜挑挑选选，但是因为没有车，买多了拿不动，所以大多数时候，我都是通过购物 APP，看着图片买菜的。虽然网上的菜店也很值得信赖，蔬菜质量也不错，而且快捷到令人感叹的程度，但是一层又一层地打开包装，把配送来的菜一一整理好的过程中，我还是忍不住怀念去菜店买菜，把沾着泥土的大葱插进菜篮子的情景。我甚至会想象亲自动手种菜，但事实上，这可不是一件容易的事情，只能作为一种美好的愿望想想罢了。目前，我只能在网上菜店认真阅读卖家提供的产品说明，确认有机食品的认证标志，然后触摸手机屏幕，把它们一一放进购物车。

网上买菜一个很重要的弊端是过度包装，我很希望能够减少运输中的碳排放，减少单独回收包装材料的麻烦，所以每周我都只买一次菜。这样一来，每天吃什么都得更有计划性。每周日，我会制定下一周的食谱。我制作了一个表格，分成蛋白质、蔬菜、碳水化合物、脂肪等几大栏，以蛋白质食材为中心制订菜单。另外，我还提前查看天气预报，参考天气情况制定菜谱，比如遇到冷天气，我会把热乎乎的火锅列入菜单。计划食谱时有一大亮点，非常有趣——我会猜想每天的心情和活动量，并据此确定所需的热量，从而决定这一天要吃什么。

接下来的一周中，我每天都会跟菜谱对照一下，看看这一天有没有按照既定的食谱吃。表格上还会留有空白的一栏，补充记录一些内容，比如身体出现不适，对某一餐不太满意，或者需要特别记录一下的事项等，留待以后作为参考。为了让菜谱更有趣，我常常模仿饭店菜品的名字给它们命名：纳豆烤鱼套餐，蔬菜满满的咖喱饭套餐，真正的蟹肉炒饭……今天新开发的海鞘拌饭味道也相当不错，给它起一个有个性的名字，添加到固定食谱上吧。

幸福的家里的饭

韩国人的日常问候常常是关于吃饭的——比起互相说“你好”，人们更愿意问“吃饭了吗”，而且越是亲近的关系，越是这样。据说这是汉文化里特有的问候习惯，这意味着吃饭在人们的生活中占有绝对重要的地位。朝鲜时代遗留下来的文物中有超大的饭碗，这让许多外国人非常惊讶：饭碗何以如此之大？现在的网络和电视中，常有“吃播”类节目，这些例子都从侧面证明，我们国家的人潜藏着“大胃王”的基因。

我每天早晨的必做功课中，包含着“做饭准备”这一项，一般是为晚餐做准备。我喜欢做加了黑豆的杂粮饭，饭是不能多做的，因为冷藏过的米饭和刚做好的米饭，味道没法比，所以就算费事，我也会每天现做米饭。在我决定减少碳水摄入后，米饭吃得比以前少了，但其依然是晚餐的主角。早上把米洗好泡在锅里，晚上下班回来做饭刚刚好。杂粮不容易焖熟，但因为提前泡过，很快就熟了。下班后，我肚子通常咕咕叫，到家不大一会儿，就能吃上新焖的米饭，这种稳稳的幸福感，是一种朴素的快乐。

当然，所谓“家里的饭”，不仅是自己在家做的饭，也包含着妈妈做的饭，那种从小就熟悉的味道。长大以后，妈妈每次打电话，都会问我有没有按时吃饭。我今天的晚餐，是在金枪鱼中加入意大利粗盐和胡椒调味，做成了金枪鱼烤饼，配着有机蔬菜一起吃。妈妈打电话问我的时候，我回答的不是“吃了”，而是“我吃得很好，不用担心”。虽然我每天都认认真真地做饭吃，把自己养得健健康康，皮肤白里透亮，但是因为妈妈总是见不到我，就以为我每天不是饿着肚子，就是嫌做饭费事，买一条紫菜包饭，胡乱地对付一顿。

二十四五岁时，我就从家里搬出来独立生活了。离开家，就意味着远离了妈妈的照顾，独自面对生活的风雨。我自认为性格坚强，也算能干，各方面发展都很顺利，好像没受过什么苦。有段时间，我忙得好久没回家，有一天终于回家了，妈妈赶紧给我做饭吃。很快，厨房里飘出熟悉的味道，那一刻，外表坚强、内心脆弱的我瞬间融化了，被饭菜的味道感动悄悄流下了眼泪。时光一路狂奔，我跌跌撞撞地走向成年，曾经数十次流泪，也曾数十次下定决心，要变得更加坚强。在一次又一次心灵受到创伤后，我渐渐熟悉了成人世界的游戏规则。在逐渐学会放下欲望的过程中，我那一个人的家庭餐，也已经做得游刃有余了。

妈妈也许会觉得很难过，但最近几年，我渐渐不再想念妈妈做的饭了。去国外旅行的时候，我会想念自己做的饭。现在，我的家庭餐，是经过我的手精心烹制的菜肴。妈妈家的饭要满足家里所有人的不同口味，这也让妈妈大费周章。和家人们一起生活的时候，想要每一餐都能吃到自己喜欢的饭菜，真不是一件容易的事。

成年人压力很大，但是成年也不是完全没有好处：成年人有了更多选择的自由，有了不受别人控制、随心所欲的特权。这其中最能体现决定权的，莫过于可以尽情吃自己想吃的东西吧？

一个人生活，旁边没人干涉，日子过得很随心，就算你一天吃两只以上的炸鸡，也没人会唠叨你。但是不计后果地乱吃，人会长胖，身体浮肿，消化不良等，这些令人痛苦和后悔的结果，也都是自己造成的，所以只能自己全权承担，不能怪罪任何人。这可能是人长大以后，任性生活导致的最糟糕的结果。

每个人大概都有这样的体会吧，很多事情在自己还没有亲身经历的时候，很难真的领悟。同样的道理，没有一个令人刻骨铭心的契机，人也很难改变生活方式。嫌费事不想在家里好好做饭，常常去外面买些粗制滥造的食物，会给身体造成更大的麻烦。然而，在人还没感到不舒服的时候，想认识到这一点并不容易。但是我相信，家里的饭菜含着浓浓的乡愁，是联结一家人感情的纽带。一个人能在家做饭，代表把自己照顾得很好。家里的饭才是最健康的。

为了晚饭吃得更好，今天早上，我也提前洗好了米。我爱吃杂粮饭，因为杂粮比白米的营养更全面。考虑到自己年龄也不小了，我想尽量不吃那些不容易消化的面包。对我来说，这是理所当然的选择。正如任何事情的选择标准都是基于自己的认知体系而产生，我选择在家做饭，体现的是我的“健康优先主义”，这是不能向其他任何事情妥协的绝对选项。这可是在我失去健康后，才得到的价值高昂的结论呀！

一人份的料理生活

“少买点菜，少做点饭，少吃一点。”

越少越好——甚至做饭的工具和食谱，都是越简单，越容易做出对身体好的食物。大部分家庭都有的搅拌机我也没有。在我小小的厨房里，只有那么几样必备的烹饪工具，把买来的食材简单地烹饪一下。曾经有一段时间我特别爱收藏餐具，几乎到了狂热的地步，但是现在厨房里只有几只碗盘在小心翼翼地用着。想想以前的狂热，还真是怪难为情的。优质的天然食材，经过双手变成简单营养的饭菜，多么美妙啊！每天一边准备晚餐，一边制作第二天要带到公司的盒饭，我享受着这样恬淡的时光。

我从五年前开始正式在家做饭吃。在那之前，我常常吃泡面，只要填饱肚子就完事了。电影《花样年华》中有一个很抓人眼球的场面，是演员张曼玉下班后，优雅地穿着旗袍，拿着饭盒出去买晚饭的情景。看着她婀娜的体态、绰约的风姿，哪怕只是去街边小店买点食物也是那么风情万种。但是，对于陈列在橱窗里等着顾客选购的食物，我总是不放心的，即便某些店铺主打健康理念，我也还是会怀疑他们出售的食品是否有足够的营养。何况大多数饭店为了把菜做得更香、更美味，会大量使用调味料。

如果为了节省时间，当然是买着吃更方便，而且很可能比自己做更便宜，但是当我意识到，在吃上多投入点时间和金钱，是非常有价值的事情后，在家做饭这件事就不再是个选择，而是必须了。每顿吃得好，可比去医院看病便宜多了。为了照顾好自己的健康，保护好皮肤，最确定有效的方法，就是亲自挑选新鲜的蔬果，用高品质的食材投喂自己。我想大概没有人会在给自己做饭的时候，加进各种连名字都叫不出来的化学物质吧。

现代人，特别是坐办公室的白领，一整天只用眼睛、大脑和手指工作，尤其是如果使用触屏的电脑和手机，连手指的活动也大量减少了，这真是一件令人悲伤的事情。我觉得只有积极地调动“五感”（人的五种感觉器官：视觉、听觉、嗅觉、味觉、触觉），每天的生活才能充满生机和活力。我们的身体里血液奔涌，有着精细敏锐的感觉和思维，这样活生生的人当然需要与天地万物交流。可是现代城市人，除了往花盆里浇点水，几乎没有什么亲近泥土、触摸草木的机会。人与自然界的接触，最日常的恐怕就是摸一摸天然种植的蔬菜了。

每一种蔬菜都有不同的触感和香气，而细嗅着新鲜蔬菜的味道，才是真正的芳香疗法。摸摸鸡蛋壳，再摸摸洋葱皮，它们留在指尖的感觉本身，就是任何加工食品都代替不了的，有着天然本真的美。

在厨房里可以感受到一年四季的流动。市场上的食材，特别是新鲜的蔬菜和鲜活的海产品，在某种程度上就是季节的限量版，购买限量版蔬菜跟购买限量版衣服所体会到的，完全是不同层次的乐趣。错过了时令，就得等上一年才能尝到的东西，吃的时候也会给人一种格外稀罕的感觉。随着时令的变化，一捆菠菜的价格从 1000 韩元到 10000 韩元①，像过山车一样飞速地起伏变化着。这不是从经济新闻上看到的数字变化，而是在菜店里选购时切身感受到的涨跌。

在认真做饭的日子里，我常常心生感叹：在一年一年如箭一样飞逝的时光里，大自然在不同季节的出产物，就像这时间轴上一个个细小的节点，你可以选择当下享用它，也可以选择过季后想念它，还可以选择囤进冰箱时时品味它……季节给了我们许许多多的小确幸。此刻，是为我自己准备一人份饭菜的时间啦！

① 1韩元约等于0.005元人民币。

放下筷子的勇气

对待食物的三种正确姿势：

在吃饱之前放下筷子；

一天只吃三顿饭，不吃零食；

一点一点地盛，优雅地慢慢吃。

把一颗无花果分成两半，加入几大勺酸奶，再放上一把杏仁，这就是我的早餐；午餐呢，是把一个鳄梨捣碎，加入蔬菜沙拉，再加一个煮鸡蛋；晚上，我吃了一份意大利面，稍稍多放了一点蔬菜和海鲜。这就是我今天的三餐，多么值得感恩啊！你可能会觉得我吃得有点少，我把这样分量的三餐称为“适量的饮食”。

现在，我的“适量饮食”尝试已经进入第三个月了。因为贪吃，一直期盼的素食生活始终没能正式开始，但是，吃饭是关乎生命的大事，所以我培养自己“崇尚自然”的饮食习惯。三个月下来，虽然还没达到理想体重，但所幸能一直保持正常体重，消化功能很好，肠胃也没什么毛病，整体感觉良好。我对食材的品质要求比较高，餐费的开销不算少，好的一面是节省了时间。不光吃的时间减少了，收拾的时间也减少了，厨房里产生的厨余垃圾也很少。目前，这样“适量饮食”的日子仍在继续进行中。

我在《一个人的发现》这篇散文中读到一句话：“最干净但又最可怕的侮辱，是‘一辈子都这么过吧’。”我对这句话印象深刻，而且理解充分。我下定决心开始吃素，是在看了我的体检报告之后——我觉得自己被那些数字专业而又无情地“辱骂”了。“如果继续这样生活下去，你就离生病就不远了，不光是巨额医疗费的问题，主要是治不好，有些病会要了你的命。”我从医生那里听到的话，不仅是严肃郑重的警告，同时也让我大吃一惊——那些我看不懂的符号背后，竟是如此高昂的代价！也就是从那一刻起，我下定决心，要让生活往好的方向发展！

少吃，并不单纯指控制食量，确切地说，是适量地吃营养丰富的天然食物。众所周知，人的身体状况会随着吃什么而变化。10岁之前，我是完全不吃肉的，吃的是包括鱼、蛋、奶在内的“素食”，其实到现在，我依然不怎么喜欢吃肉。我的生活里不存在炸鸡啤酒的喜悦，也没体会过看见五花肉就激动的心情。

我的体检结果显示，血液中能够清除血管垃圾的HD胆固醇超过了正常值，这可能是我日常喜欢吃鱼、蔬菜、坚果的原因吧？但是我的空腹血糖比正常值高一些，虽然还没有达到糖尿病的程度，但是也得小心了。看了体检报告之后，我戒掉了一切糖油混合制作的甜点。可是，我死也不想舍弃我的巧克力和杏仁味的香草冰激凌，我选择大大减量，减到一个月只吃两次，好歹也能抚慰一下那些心情忧郁的日子。

“据说，远离肉和面粉，人可以活得更久；但如果每天真这么过，又何必活那么久呢？”这句话在 SNS 上获赞无数，广播里也有主持人曾经引用过，看起来人们对于吃的乐趣总是有着强烈的共鸣，但我还是想尽量少吃肉和面粉，好活得久一些。我生于 20 世纪，生活在 21 世纪，希望能坚持到 22 世纪初再死。墓志铭我都想好了——“这里睡着一个跨越了三个世纪的人”。这真是一个无趣的玩笑。其实我所希望的“活得长久”，并非单纯的长寿，而是希望不生病，能够保持着每个年龄段的最佳状态，直到寿命自然将尽，没有痛苦地、平和地与这个世界告别。要想实现这个愿望，疾病不会突然找上门来才是关键。

现在，不管是多稀罕、多好吃的东西，我都不会急急忙忙放进嘴里，要先想清楚为什么吃它。带着疑问吃东西，自然不如大快朵颐来得爽，但之前的一次生病经历，着实把我吓了一跳，所以即使是小小的警告，也足以让我改掉坏习惯。以前我常常即使肚子不饿，只是嘴巴无聊就会吃零食，吃得开心又满足。但是现在，因为害怕得糖尿病，这种习惯居然自己消失了。我不再追求美味的刺激，而是更多地考虑营养成分和身体需要，虽然不知道能不能完全摆脱疾病的痛苦，但是到目前为止我的状态良好。

当然，“适当的饮食”也会面临危机，大家聚在一起吃饭的时候是最危险的，如果是自助餐，那就更糟糕了。到处是玉盘珍馐、美味佳肴，想吃多少就拿多少，自然很容易吃多。在无法控制食欲的时候，千万不要模仿那些拍“吃播”的网红，否则肯定后悔不迭。这时，你不妨气沉丹田，凝聚意志，在吃得过饱之前放下筷子。吃自助餐的时候，不要一次盛太多，每回只在盘里放一小点东西就好。不管你信不信，哪怕只是一口，也能让我们的味蕾得到满足。你还可以把自己的盘子摆得像法餐一样精美，从凉菜到热菜，按顺序摆得漂漂亮亮的，也可以防止暴饮暴食。

特别值得一提的是，千万不要有“就放纵这么一回没关系”的想法，一定要首先把好思想关。在养成“吃饱之前放下筷子”的习惯前，每一口都多咀嚼一会儿，是行之有效的好方法。同时，脑子里要记着医生的训斥，哦，不，是忠告。

工作日的午餐盒饭

对所有上班族来说，午餐时间就像工作和休息之间的交集。这一点时间，有人选择快速吃完继续工作，也有人选择好好吃饭休息一会儿。我一向认为，努力工作是为了更好地生活，午餐时间我更倾向于认真吃饭，吃营养丰富而干净的食物。但是同事们跟我的想法不太一样，有的人因为压力过大，会选择一些高油、高盐甚至特辣的食物作为午餐，以满足口腹之欲的方式排解压力。特别是男同事们，常常是前一天晚上喝了不少酒，第二天中午统一喝醒酒汤。口味不合的人在一起吃饭，就像狐狸和白鹤请对方吃饭一样，彼此都难受。

如果能像巴黎的午餐文化那样，每天平均有两个小时的午餐时间，那么大家各自吃自己想吃的东西，是理所当然的。但是韩国一般只有一个小时的午餐时间，时间紧迫，大家倾向于要么都点同样的饭菜，要么多点几样一起分着吃，总之优先考虑方便快捷，提高午餐的效率。这样的文化对想悠闲地享受午餐时光的我来说，不那么适宜。我的午餐主要是吃自己带的盒饭。我们公司的食堂在总部，而我在分公司工作，公司把餐费折算成钱加在了工资里。以江南的物价，公司补贴的餐费在外面吃是不够的，但买菜做饭的话就绰绰有余了。所以自己带饭是最好的，不仅吃得健康，而且省钱。每天早晨上班前，从冰箱里取出昨晚就准备好的盒饭，装进包里带去公司，这种按部就班的秩序感给了我很大的力量，足以支持我在公司紧锣密鼓地忙碌一天。

如果遇上加班，就没有时间准备第二天的午餐盒饭了。而且，到目前为止，我工作过的所有公司，都不太适合吃盒饭。有的公司常常在中午开会，很多时候即便到了午休时间，但脑子里还在思考着刚才的会议内容，不能专心吃饭；还有的公司，供员工吃午饭用的茶水间设施太过简陋，在那样的环境中吃饭谈不上享受午餐，只能草草了事。不仅如此，更为严重的问题是，有人认为单独吃饭，会切断与同事们工作时间以外的交流融合，这在重视合作的团队中并不受欢迎。

没有人关照我的意愿，午餐吃什么也通常是说了算的人定下的，这样的午餐时间相当叫人恼火。而且，吃饭这么一件小事，也被看成员工是否融入公司氛围的要素，未免有点小题大做。可是，我的健康需要自己守护啊！硬着头皮，不看任何人的眼色，鼓起勇气跟同事们说“我想自己单独吃饭”，也不失为一个好办法吧。当然，这也会被认为是我不愿意跟大家在一起而找的借口，也确实是个问题。因此，说自己正在减肥，或是身体上的原因，需要吃得清淡一点等理由，听起来可能让人更舒服一些。其实，吃盒饭也是跟同事们交流的好机会呢！可以和像我一样自己带饭的同事们边吃边聊，不光气氛轻松愉快，大家也会更加亲近，互相之间更加了解，何乐而不为呢?

我从周一到周五在公司吃午饭，吃的都是符合自己口味的健康食物。大部分时候，我会在前一天晚上多做点饭菜，留出充足的量装进饭盒，作为第二天的午餐这样完全不用花太多时间，就可以把带到公司的盒饭准备好。

没有在那种忙得饭都吃不上、工作量大得能要了命、各种会议连轴转的公司上班，真是谢天谢地啊！一个公司的企业文化如果能尊重个人意愿，的确是件令人高兴的事。如果可以不用找任何借口，心安理得地按照自己的意愿不慌不忙地享用午餐，这样的职场生活就相当幸福了。

啊，亲爱的黑豆

即便将来年纪大了，我也希望能尽量保持头发、皮肤和牙齿健康。当然，拥有黑白分明、亮晶晶的眼睛和端正挺拔的身姿也非常重要。一个人最能暴露年龄的是干枯无光的头发和松弛下垂的皮肤，雌激素分泌减少直接导致了这些变化。我认为，承认年龄大和放任不管是截然不同的两种心态。一个人如果能从保持健康的角度，认识和控制衰老的进程，外貌也会自然而然没那么老了。

随着青春逝去，渐入中年，就像秦始皇执着于寻找不老仙草一样，每个人都或多或少地会采取一些方式对抗衰老。有些人说，多吃牛蒡效果不错，对我来说，黑豆是我心理上的抗衰老剂。在我感觉到雌激素分泌逐渐减少的几年里，黑豆对我的抗老很有帮助，几乎称得上防止脱发的灵丹妙药。

“准备好就无所畏惧”，这是我一直信奉的生活信条。与其茫然地恐惧即将到来的中年，不如提前了解，充分准备，积极应对。我们不光可以坚持护发、护肤、管理体型，连闭经后的骨质疏松症，也可以提前预防。每个女人都有必要了解雌激素，相关的书籍非常多，在网上搜索，也能轻松获得很多知识。通过看书和上网学习，我积累了一些常识性的知识，其中不少文章都提到，豆类是闭经期的最佳食物。

大豆中含有丰富的异黄酮，异黄酮和雌激素有类似的作用，绝经期女性可以适当多吃点豆制品，特别是黑豆制品。黑豆中含有丰富的维生素 E，对保持皮肤、毛发的健康很有好处。每个人的体质都不一样，虽然不一定非得通过吃黑豆来获取维生素 E，但是黑豆很容易买到，吃起来又方便。我通常把它跟大米放在一起，做成黑豆饭，也会做成豆瓣酱，或者打成黑豆浆喝。黑豆要连皮一起吃，才有效果。

但是谁知道黑豆对于我的健康是有帮助呢，还是根本就不适合我的体质？不管怎么说，跟那些一股子药味的维生素丸比起来，黑豆至少还是天然又美味的食品。我很喜欢黑豆的味道，久吃也不觉得腻。虽然目前我还年轻，面色红润，头发光亮，但时间不舍昼夜地流逝着，即使我在心理上一直做着准备，容颜也终将老去。每天认真地吃黑豆，或许只是源于我对它执着的信任，它仅仅给了我一个安心罢了。

茶是因悠闲而存在的

上班前的准备工作都做好了：要带的包已经整理好放在玄关附近，出门要穿的鞋子也已拿出来了。坐在桌子旁边，我用热水泡了一杯红茶，又放了一片柠檬在里面。经过两三分钟时间，茶水的温度就降下来了，我小心地啜了一口，啧，温度刚刚好！我一边喝茶，一边在 iPad 上浏览经济新闻，把一些有用的信息发到邮箱里保存下来。有茶喝的早晨，悠闲惬意，不慌不忙。

在本该忙乱的早晨，能够尽享品茗的悠然，得益于前一天晚上认真做好了今天上班的准备。出门前一个半小时起床，洗米焖饭，在煮饭的时间简单打扫一下房间，做做伸展运动；梳洗打扮一般 15 分钟就够了。我几乎不会为纠结穿什么衣服出门而浪费时间，化妆也不复杂，剩下的全部都是早餐时间。我对于早饭的期望值，不是吃饱这么简单，内心的那个豪奢精灵常常跳出来提醒我：如果吃得像酒店的早餐一样丰盛，这一天就会像旅行一样精彩！每个人大概都有这样的体验，旅行中的早餐绝不会如平日那样匆忙紧迫，自己不会像完成任务一样生猛地干饭，而是以一种愉悦的心情享受晨光，品味美食。

在欧洲的小酒店里，哪怕只是吃个牛角面包，喝一杯红茶，也能产生不同于平日的新鲜感，这也许就是人们把旅行称作“日常生活调味料”的原因吧？其实，即便不出去旅行，我也能给自己的日常生活涂上令人心动的调味料。如果有人说亲手过滤一杯咖啡，飘散着咖啡香气的早晨令他心动，那么让我心动的，就是一杯暖暖的红茶。

喝着红茶，在头脑中整理一下今天要做的各项工作，在手机上记录一下当天要做的事和想做的事——要做的事往往跟工作或家务有关，是重要而紧迫的；而想做的事则不然，做也可以，不做也没关系——需要分门别类地写下来。

没有咖啡就活不下去的现代职场人，拿着外卖咖啡行色匆匆地奔走在上班的路上；与之完全不同的是，手拿一杯悠闲的早餐茶——茶是因悠闲而存在的。在我看来，咖啡一旦被装进涂层纸杯，味道就变了，失去了灵魂。我把滚烫的水倒进晶莹的茶杯，静观茶叶在水中慢慢展开，一股清新的茶香袅袅飘来。能在早晨不慌不忙地喝上一杯茶，对忙碌的现代人来说，真是一件令人向往又奢侈的事情。对于晨间红茶，我是甘之如饴，当然很乐意想办法创造出这个时间。

我今天的早餐是水果酸奶杯。在这样清冷的早晨，泡一杯暖暖的红茶，当温热的茶杯端在手上，手也变得热乎乎的，真好！跟为了唤醒睡眠而喝咖啡不同，喝茶并不是因为需要咖啡因。对我来说，静静地喝一杯早茶，这短短的几分钟时间，除了在头脑中把今天要做的事情再过一遍，我还会描绘怎样让这一天过得幸福愉快，提前设想这一天辛苦结束后，想要度过怎样的甜蜜时光。一杯早茶的工夫，包含着如此美好的想象！

柠檬的食文化

在文艺复兴的发源地，意大利佛罗伦萨的一间名为“吉利”（Caffies Gilli）的咖啡店里，我点了一杯伯爵红茶，一起端来的，还有白色瓷盘上一片薄薄的柠檬。把柠檬放在红茶里，淡淡的果香使茶的味道清新而独特。一杯朴素的红茶，竟然喝出了异样的情调，这给我的旅行增添了一个小惊喜。在跟店员的聊天中我了解到，意大利南部有一个著名的柠檬产区，叫“阿玛菲”，那里种植的柠檬味道清香淡雅，而且没有那么酸；还有一种叫作“Limone”的柠檬饮料，跟我们常喝的冰柠檬水相比，有着非常独特的好味道。以前从来没把柠檬和意大利联系起来过，这个意外的发现让我觉得非常开心。

我已经很久没在旅行途中买过纪念品了——不管是冰箱贴还是明信片，以前觉得作为旅游纪念是值得拿回去再欣赏的。而实际情况是，拿回家里就成了没用的杂物，简直就是“漂亮的垃圾”。但是这次意大利旅行结束后，作为纪念，我带回来的是他们日常生活中的柠檬文化。

我之前买菜的时候是不买柠檬的，现在我每周会买一个新鲜的柠檬，用小苏打洗净表皮，切成薄片，剔除发苦的籽，然后装在一个密封的容器里。需要的时候就拿几片出来，放在红茶和碳酸水里喝也很好，烹制海鲜或拌沙拉时加上一点也很好。柠檬不仅可以食用，还有不少其他的用途。有一本名为《巴黎女孩不会为男人穿迷你裙》的书，里面介绍了很多美容方法，其中有一条，讲的是挤完汁剩下的柠檬皮不要扔掉，可以用来擦指甲，指甲不但会变硬，颜色也会变白，看起来更健康。真没想到，柠檬还是健康好用的天然美甲油呢！

日常生活往往单调而重复，让人觉得十分无聊，无法获得新的灵感。每逢这样的时候，我就会想用一些新鲜的创意，打破眼前的一成不变。比如，在旅行中了解到的异国文化，有时也会成为我的生活方式；偶然听到的某句话，深深打动了我，我也会把这种心得和感悟体现在行动中。在缺乏新意的日常生活中，尝试注入新鲜的理念，是一件多么令人愉快的事情啊！

让生活丰富多彩的，往往不是宏伟的大成就，而是随时出现的小惊喜。热爱生活的心，以及由此而产生的小创意，让我们的每一个今天都过得与众不同。柠檬就是其中之一。从意大利带回的柠檬的记忆，不，应该说是柠檬的食文化就登上了我的餐桌。

虽然只是很小的一个创意，但是不妨总是带着好奇的心，去找找看——我们周围有没有什么宏伟的好点子。

用餐需要仪式感

有一次，我去东京奥库拉酒店的法国餐厅吃饭，身穿燕尾服的服务员先是帮我把椅子拉开，我坐下后，他又非常优雅地替我在膝盖上铺好餐布，这让平时自己铺餐布的我产生了被精心对待的幸福感，让我对接下来的美食充满期待。

一个人吃饭，往往不会那么讲究餐桌礼仪，也不会坐得笔挺端正，而是在一种完全放松的状态下自由自在地享受美食，当然是怎么方便怎么来。礼仪，什么礼仪？嘿，管他呢！每当这时候，我就会想起那家法式餐厅的餐布，洁白无瑕，平平整整，还有那精美的菜品、优雅的举止……

大家聚在一起吃饭的时候，一般都会遵守餐桌礼仪，避免让别人感到不快。其实，独处的时候也应该遵循一定的礼仪——当然，肯定不是什么特别的、隆重的、程序化的礼仪。虽然自然舒适的样子也没什么不好，但是，那些不想展现在人前的寒酸、将就的样子，每天都展示给自己看，真的是尊重自己和爱自己吗？

我没有认真思考过网络上流行的提升自尊感的观点，但是我想，人在任何情况下，都不要过得太丑陋，不要太随便地对待自己，一定要注意提升自尊感。

虽说是一个人吃饭，但如果头不梳脸不洗，吃的还是塑料袋包装的食品，幸福感还是会大打折扣吧！把自己收拾干净、捯饬利落，再进厨房。食物不要放在一次性餐具里，用精致的陶瓷碗碟盛放，看着赏心悦目的餐具吃饭，你所获得的满足感就完全不同了。不要舍不得用好的餐具，把它们束之高阁才是真正的浪费。像在餐厅吃饭时一样，准备餐巾纸，需要的时候擦擦嘴，举止优雅。这些都是提升幸福感和自尊感的好方法。

以前我常常一边看书，或一边看电影一边吃饭，虽然吃得没那么快，但是看电影很容易让人在不知不觉中吃得过饱。而现在，我吃饭就是吃饭，不干别的，专注而安静地吃饭，把注意力放在食材的味道上，慢慢地咀嚼，细细地品味……用轻柔的音乐和美丽的鲜花，让自己的每一顿饭都带有仪式感。

在我看来，是否遵守餐桌礼仪，是衡量生活教养的尺度，这方面我也很生疏，一直在用心学习。到现在我依然不太会用筷子，常常掉食物，用叉子卷意大利面也不熟练。吃寿司的时候，不要把芥末放在酱油里，应该抹一点在海鲜上，然后蘸着酱油吃，这种方法我也是最近才知道的。虽然在吃饭的技术层面，我还有很多需要学习和改进的地方，但在常识方面，比如不翻菜、不用筷子扎食物等，这些基本的礼仪，我都会有意识地好好遵守。

一个人吃饭是学习用餐礼仪的好时机。正式的商务宴会，或是相亲、约会、行见面礼，又或是婚丧嫁娶等民俗活动，几乎所有重要的聚会都会安排吃饭，没有比在一起吃吃喝喝更容易拉近人们之间的距离了。良好的餐桌礼仪，会给初次见面的人留下良好的印象，不是有句俗语叫“窥一斑而知全豹”嘛！

亚洲人的餐桌上，还是要熟练地使用筷子。如果菜品比较多，还要了解菜品摆放的方法和禁忌。水杯通常是放在右边的，不要伸手去拿左边的水杯，这会使他人不高兴，需要注意。餐桌上的修养作为一种综合素养，有时还要求我们对食物原产国的文化有所了解。生活中能做到不看别人的眼色固然很好，但我们不是生活在一个人的世界里，每天还是要穿着得体的衣服，为尊重他人、尊重自己而注意礼仪和修养。所以，既不要把一个人的晚餐时间过得孤独冷清，也不要因为没人看见就暴饮暴食。要用优雅的姿态享用精致的饭菜，在每一餐的练习中打磨聚餐时的儒雅礼仪——总之，一切努力，都是为美好的生活而准备的。

好习惯清单

关于烹饪、食物和健康的生活

1. 用水果和蔬菜代替营养品

入口的东西如果不是真正的食品，我心里就会很抗拒，哪怕是保健品也是如此。据说欧米伽3（Omega-3）很容易变质，为什么还能堂而皇之地卖高价呢？要保存那些容易变质的物质，营养品里添加了什么防腐剂？怀疑一旦产生，就没完没了。为了避免食用化学添加剂，我不吃营养品，但是我会适量吃水果，多吃叶菜，鱼吃得也比较多。

2. 早餐来个水果酸奶杯

一般来说，早晨刚起的时候，人是没什么食欲的。胃空了整整一夜，吃不下太多东西。虽然营养专家主张早餐要吃得像皇帝一样，但是我们的胃无精打采，提不起兴趣。这种时候，做个水果酸奶杯是很不错的选择，制作简单又有营养，还有丰富的膳食纤维和乳酸菌。在准备好的各种水果里，倒入希腊酸奶，再放一小把坚果，搅拌一下就能吃了，真是爽口又开胃啊！

3. 控制糖的摄入

日常控糖的第一条——绝对不买零食！果汁饮料和碳酸饮料也都戒掉。有时候下班回来特别饿，进厨房之前得先吃点东西垫垫肚子才行，我一般会选择喝点豆奶，这是我唯一当作零食来喝的饮料，豆奶是不加糖的，主要成分是纯大豆。另外，做菜时我也不会额外添加精制糖，需要去除肉的腥味时，会用料酒或清酒代替糖。人体每日所需的糖，从水果和杂粮饭里获取就足够了。

4. 准备饮用水

我每天早晨都会煮大麦茶，特别是在冬天，热腾腾的茶好像把家里的空气都温暖了。夏天喝水多，如果一天煮好几次大麦茶，家里会很热，所以我一般会买一些矿泉水囤着。为防止运动后脱水，我还准备了能迅速补充身体水分的电解质饮料，在大量流汗的时候喝一瓶，有助于缓解疲劳。

5．冷冻室里的忧郁疗愈剂

每个人的冰箱里都应该有自己的忧郁疗愈剂，因为生活中总会有那么一些时候，需要食物的抚慰。人际关系紧张，或是工作压力大的时候，身体会特别渴望甜的东西，此时我会首选冰激凌。冰激凌之于我，就如香槟之于酒鬼。虽然吃冰激凌的快乐，已经被我认定是一种“罪恶的快乐”，但是我也不会什么“罪”都犯，对冰激凌还是有所选择的，不吃添加了大量精制糖的冰激凌，而是选择纯牛奶口味的有机冰激凌——即便是这样，一个月也只吃两次。

6．预防食物中毒

如果不吃变质食物，食物中毒的概率会很低，但是，烹调的过程偶尔也会导致食物中毒。在洗菜池边上放一瓶抑菌洗手液，收拾完海鲜，用洗手液洗净手后再去接触蔬菜，就安全多了。当然，使用厨师用的腈纶手套会更好一些。一般来说，菜板要生熟分开、菜肉分开使用，但像我这样只有一个菜板的家庭，可以通过垫厨房毛巾来解决，但是刀一定要蔬菜和肉类区分使用。食物中毒是很危险的，严重了可能致死，所以要保持厨房干净卫生。

7．厨房里的便携灭火器

有一次，我在烤剑鱼牛排时加了点料酒，结果晃动平底锅的时候锅里突然着火了，我吓了一大跳。虽然被火燎过的剑鱼牛排味道不错，但我深刻地意识到，厨房是一个存在火灾隐患的地方，用火安全是第一位的。从那以后，我在厨房里备了一个便携式灭火器，虽说是只能扑灭初期火灾的小灭火器，但也足以让我感到心安。无论何时何地，我们都要认真防火。

8．系上漂亮的围裙

我有一条亚麻材质的围裙，很漂亮，挂在冰箱侧面的磁铁环上。每次系上围裙，我就觉得自己瞬间变身为一个贤惠能干的厨房妖精，做饭的过程也充满了乐趣。

9．偶尔出去吃一顿

我一贯主张在家里吃饭，但偶尔也有腻味的时候，想吃别人做的饭。出去吃的话，我会选择在家里不方便做的菜肴，而且是健康、天然、低热量的。

10. 记录改变饮食习惯的过程

如果不是为了追求理想体重，只是为了达到健康体重而减肥的话，在 SNS 上坚持上传每日饭食，会有不小的帮助。如果不想把减肥的计划告诉朋友们，也可以在 Instagram① 上建个小号，在那里，你会得到很多有志于减肥的人的支持。我用的是 SNS，目标是控糖，养成健康低糖的饮食习惯。如果你觉得上传照片很麻烦，也可以只拍照不上传，坚持下去也会有同样的效果。据说一件事情坚持 21 天，就能形成习惯，坚持六个月身体就会适应。那么一年呢？非常好奇一年后的我，会发生什么样的变化，我正在认真地记录着自己的一日三餐呢。

① Instagram：一款社交应用软件。

辑三 不那么辛苦也能拥有健康

像呼吸一般自然的健康法

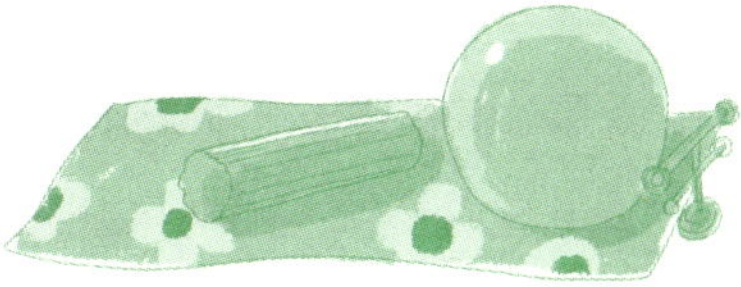

晨练不可荒废

把一种好的习惯内化成日常生活中的无意识行为可不是一件容易的事。大脑知道应该去做什么事情，但身体却不想行动，这就是人们常说的“没有意愿”吧？我本人一向比较随意，实在不想做的事情一般不会勉强行事，但如果事关健康就另当别论了。随着年龄增长，我越来越明显地感觉到体力在下降，身材曲线也逐渐暴露出“养尊处优”的生活模式。

我很少看电视，但有时间的话我会看看《孝利家民宿》① 这个节目。我特别爱看李孝利做瑜伽的样子，举、止、吐、纳，无不透露着她长期积淀的深厚内功，看她做瑜伽真是一种享受。她的魅力，深深地吸引了我。她做到了别人做不到的事，非常令人敬佩。在节目中，李孝利说：“我参加工作之后，就成了家里的顶梁柱，家庭责任的重担就落在我身上了。可能是压力太大了，有一段时间，肩膀疼得厉害，就是从那时候开始接触了瑜伽。做

① 《孝利家民宿》：一档真实体验生活的真人秀节目，李孝利和李尚顺夫妇两人在济州岛经营民宿，他们会与普通住宿客人一起生活。

瑜伽确实很累，但是比起生活的苦，还是差远了。做瑜伽的时候我觉得特别舒服，痛苦的修炼过程最终能带来身体上的舒适感和心理上的安宁感。”

李孝利的这段话对我产生了很大的影响，极度不爱做运动的我，也为了缓解身体僵硬，坚持每天早上做10分钟的瑜伽伸展运动。起初虽然有点三天打鱼两天晒网，但我还是坚持到了现在，仍然每天都做。而原因只有一个——防止全身酸痛的毛病找上门来。我做瑜伽伸展运动不是为了减肥、塑形，也没制定什么大目标、硬指标，所以没有遭遇过“我怎么做不到呢”这样的打击。没有计算过得失利弊，也就没有压力，仅仅是因为没有难度，能轻松地坚持下去而已。早上醒来，浑身肌肉僵硬，我穿着宽松的睡衣，铺开瑜伽垫，用最低难度的动作拉伸躯干和四肢，肌肉舒展开来的轻松畅快，让我获得了很强的满足感。

村上春树是一位著名的小说家，比起他的文学作品，更让人印象深刻的是他对爵士、马拉松、啤酒等生活理念的定义。村上春树每天坚持跑10公里，他在《当我谈跑步时，我谈些什么》这本书里写道：“坚持跑步的理由不过一丝半点，中断跑步的理由却足够装满一辆大型载重卡车。我们只能将那‘一丝半点的理由’一个个慎之又慎地不断打磨。见缝插针，得空就孜孜不倦地打磨它们。”如果说村上春树的“一丝半点的理由”使他达到了参加马拉松的程度，那么对我来说，我也是只怀着一个不该放弃的小理由，坚持每天在原地拉伸。

刚开始做瑜伽伸展运动时，没有什么效果，但日复一日地慢慢练习，我感觉身体一点一点变柔软、变舒服了。这点小小的成就感让完全没有运动细胞的我，明白了为什么会有那么多人在工作结束后跑去健身中心。人一旦完成了简单的训练，就会想要提高难度。当我发现“原来我也可以做到”时，更大的自信和勇气油然而生。现在，我觉得我可以在每日拉伸之外增加一点增肌的运动。可以想象得到，我的运动能力每上升一个台阶，我的身心都会更坚强一点，真是令人欣慰啊！

世界上最简单的运动

以正确的姿势快走 30 分钟。

如果没有车，走路就是人们随时随地都可以做的运动。有的人特意抽出时间走路。如果乘坐公共交通，也能被动地走很多路。但是如果想看到效果，走路的时候就要收腹、咬牙、大步快走。当然，正常步幅也可以。

很多人的目标是一天走一万步，手机上健身 APP 的统计是人均每日七千步左右。我的同事中有不少人为了创造走路的时间，特意步行上下班，每天走一个小时左右。我觉得这也确实是个一举两得的好办法，但在具体实施的过程中，我发现我面临着另外一个问题——即使是在灯火通明的城市里，我也害怕走夜路（正如前面文章提到过的“胆小鬼”），所以想多走一会儿的话，只能在白天进行。

走路是世界上最简单的运动，无须学习特别的技术就能立刻进行。每天都出去走走真的很好，不光能让身体变得轻松畅快，还可以一心两用，边走路边整理思路。如果想保持端正的体态，平时要随时随地觉知自己当下的姿态，不正确的姿态要及时纠正；要多吃有助于强壮骨骼的食物；另外还要多晒太阳，太阳光可以帮助人体合成维生素D，对骨骼健康有好处。

走路通常被认为是运动，偶尔也感觉像是劳动，特别是出去旅行，APP上看到两三万步的数字，就会产生这种念头。走得多了，腿又酸又痛，很不舒服。任何事情都是这样，一旦做过了头，就会弊大于利，甚至伤身体。据说，要想把走路作为一项运动，希望可以产生一定效果的话，不要执着于步数，每天坚持中等强度走30分钟左右是更好的。通过一定强度的反复训练，我们的身体不但会适应，还会感到很舒服。

除了保证走路时间，还有很重要的一点是保持正确的姿势。保持正确的姿势，正好是我近期着力培养的生活习惯。在地铁里见到不少老年人，依然走路带风，腰板挺直，让人感受到一种与年龄无关的生机和活力。相反，如果走路弯腰驼背，即便年纪还不算大，也会显出一副老态。那些腰背挺拔、姿态端正的人总是自带气场，特别是在欣赏芭蕾舞剧的时候，我常常被舞蹈演员们曼妙的身姿和优雅的气质折服。她们那端庄的姿态、超强的平衡能力和像教科书一样标准的动作，是长年累月刻苦的训练和艰辛的汗水换来的，绝非一朝一夕可成，因而更加打动人心。每当这时，我就会又一次感悟到以挺拔的姿态步入老年的重要性。

年轻时理所当然拥有的东西，随着年龄的增长会渐渐消失，真是一件令人悲伤的事情。

在宫崎骏导演的动画片《哈尔的移动城堡》中，主人公苏菲有一句台词是："人老了的好处，就是可以失去的东西不多了。"这句话虽然表达了"在人生尽头找到了内心从容"的豁达，但我刚听到这句话时，却误解成"人到老年，一切都逝去了"。上下楼梯时，老年人会念叨关节痛，可是，年轻的我如何能真正体会到他们的疼痛呢？但可以肯定的是，总有一天，我也会到达他们的年龄，也会遭遇到现在无法感同身受的疼痛。如果无法避免衰老，就只能通过一些手段来尽量延缓，增强抵抗力。

当然，即便我努力地做好这些事情，也还是无法确定将来会以什么样的状态步入老年。对于衰老的恐惧，让我在保养身体上越来越用心，当然，也非常期待身体能给我相应的回报。

得好好刷牙啊

去年我因为蛀牙去医院接受治疗，有半年多的时间，常常奔走在治牙的路上。我相信去过牙科医院的人都深有同感——牙病已经非常痛苦，可还有比牙病更痛苦的，那就是足以倾家荡产的医疗费，简直让人不堪重负。唉！如果平时好好关注牙齿的健康，就不会遭受这样的双重痛苦了，真是后悔啊！

不仅是保护牙齿，有很多事情都是一样，如果从一开始就多加注意，会减少很多不必要的麻烦。特别是在健康问题上，今天想着“这么做一次应该没关系吧”，明天又是同样的想法，反复给自己找理由，早晚有一天病痛会暴发。基于这样的想法，我觉得所有的疾病都有另外一个名字，叫作“生活习惯病”。因为一时半会儿并不会牙痛，所以会认为推迟几个小时刷牙也没有关系；明知道跷二郎腿会引起脊柱变形，会导致腰椎间盘突出，可是跷二郎腿坐着比较舒服，就不管那么多了。

之前为了纠正错误的身体姿态，我有意识地培养了自己坐立、行走方面的好习惯，现在又要为养成饭后立即刷牙的习惯而努力。关于正确刷牙有一个“333法则”，即一天3次，一次3分钟，在饭后3分钟内刷牙。谁都会觉得这个法则相当简单，执行起来几乎没有任何难度，但是我饭后不立即刷牙的时候还是很多——刚吃得饱饱的，确实不想动啊！其实说到底，还是意志的问题，被牙痛和医疗费狠狠教育了之后，我再不敢推迟刷牙了。

牙齿是消耗品。虽然大部分人不会认为“岁数大了牙还在”有多么幸福，但这桩看似理所当然的事，也并不是谁都能享受到的。即便是已经晚了，但只要从现在开始，好好管理牙齿健康，也能让我们的牙齿活得久一些，活得好一些。饭后一定要立即刷牙，先用水漱口，然后用牙线或牙缝刷清理牙缝。牙刷也要根据当前口腔的状况有所选择，如果牙龈健康，中等硬度的毛牙刷比微细毛刷更有力量，刷得更干净。刷牙后最好用专门的清洁剂清洁一下舌头，一早一晚的两次刷牙后还应该用含氟的漱口水做个收尾。总之，要把仔细刷牙提高到日常生活的重要位置上。

也有人认为吃完饭马上刷牙对牙齿不好，喝了碳酸饮料或者吃了酸的食物时确实是这样的。我有亲身经历——有一次，我吃了口感比较酸的猕猴桃之后马上刷了牙，那个滋味相当痛苦。虽然唾液起到了一定的中和作用，但至少过了一个小时，我才觉得嘴巴里舒服一点了，而且一整天牙都是酸的。那一刻我终于醒悟了：唉，早知道这么难受，就不吃那个酸水果、不喝那杯碳酸饮料了。（对，说的就是你——可乐！）

任何事情都不要拖延，该做的时候立刻去做，养成这个习惯好处真是太多了。吃完饭马上刷牙还有一个好处，那就是吃零食、喝饮料的想法会完全消失。如果你决心戒掉零食，仔细刷牙的习惯会有很大的帮助。为了能按时刷牙，我跟朋友们出去吃饭的时候也会带上简单的牙具，麻烦是麻烦了点，但一想到以后去见牙医的事情会少一些，麻烦点也值了。

如果我们的日常习惯总能战胜眼前的慵懒和拖延，很多事情就变得顺其自然，无须刻意费心了。

好习惯清单

吃好每一顿饭

1．每天晒15分钟太阳

人们认为紫外线是有百害而无一利的，但太阳光有助于人体合成维生素D，能让我们的骨骼更结实。虽然我们可以从食物中摄取维生素D，也可以服用专门的维生素D补充剂，但是像绿叶植物进行光合作用一样，从阳光那里获得维生素D是最直接、最方便的。现代人每天以室内活动为主，还会经常涂防晒霜阻断紫外线，所以很多人都缺乏维生素D。爱美的女孩子们往往担心日晒会导致脸上长出黑痣、雀斑，不愿意把脸部皮肤直接暴露在紫外线下，也可以让手腕、背部等部位接受光照。午饭后出去散散步，把维生素 D 当作我们的午后甜点吧！

2．保持 7—8 个小时的睡眠

睡眠不足会让人心情烦躁，干什么都效率很低。关于睡眠的重要性，我有着非常深刻的认识，所以每天晚上尽量 10 点 30 分开始睡觉。通行的健康指南建议人们在夜里 10 点到凌晨 2 点之间睡觉，原因是这个时段人的大脑会分泌一种叫作“褪黑素”的荷尔蒙，不仅能让人睡得更香，而且有助于恢复受损的细胞，同时帮助皮肤细胞再生。可以说，没有比熬夜更坏的习惯了，熬夜简直称得上损害健康的罪魁祸首。别忘了，“睡得好”也是衡量健康水平的标准之一。

3．眺望远山

每一天，我们都把眼睛盯在手机、电脑、电视或平板电脑上过日子，用眼过度已经是各个年龄段的人都面临的问题了。注意力特别集中的时候，眨眼的次数减少，眼睛很容易疲劳，出现干涩、酸痛的症状。眼睛疲劳人就容易累，所以每隔一段时间就应该闭上眼睛休息一会儿。即使没办法脱离眼前的文字或图像，也要养成把屏幕放远一点的习惯，像看远山一样把视线拉长。想要缓解眼睛的疲劳可以去窗口看看远处的树木，也可以引导眼球做一些运动，比如，向前伸长胳膊，用手指在空中连续不断地横着写“8”字，让眼球跟随指尖上下左右运动起来。用这种方法放松眼睛简便易行，又非常有效。

4. 办公室里的伸展运动

每天早上我会做10分钟瑜伽伸展运动，晚上会给腿部做做按摩，尽量让身体的各个部位都得到放松。但是白天在办公室里工作的时候，难免会长时间保持同一个姿势，身体很容易僵硬。为了防止弯腰驼背和肩膀内扣，工作间隙我也会做一点简单的伸展动作，比如，伸开双臂站在门中间，胳膊内侧贴着门框两侧的墙壁，挺胸抬头，身体尽量向前伸，反复做几次，肩膀就舒服多了。长时间坐着，不仅会让血液循环变慢，大脑也会变得迟钝，不灵活。可以在空着的会议室或者其他没人的地方，做个直腿弯腰、指尖触地的拉伸运动，能快速增加脑部供血。做这个动作时，注意不要快速弯腰，而是像头上顶着一个什么东西似的，慢慢弯腰，假想着那个东西渐渐从头上掉下来。我很喜欢做这个动作，因为每次可以假想不同的东西，还可以想象它掉下来以后的样子，让这个单调的拉伸动作变得有趣多了。

5．准备一个暖水袋

一个人生活，有点小病小痛、头疼脑热，就得自己照顾自己。遇上生理痛，或者受凉感冒瑟瑟发抖的时候，如果有一个暖水袋就太好了。把热水灌进暖水袋里抱着，不仅可以让身体暖和起来，疼痛也会减轻，简直是续命神器。

6．家庭常备药和医学常识

家庭小药箱里准备一些止痛药、消化药、创可贴、消毒棉、纱布等最基本的药品是非常有必要的，因为生病的时候，你很有可能连出去买药的力气都没有。虽然家庭常备药一般都是不需要诊断书也可以买到的普通药品，但是也不能随便吃，“是药三分毒”，就是说服用任何药品都是有一定危险性的，服药必须遵医嘱，或者认真阅读药品说明书，不能擅自超剂量服用。大部分人都没有药物方面的专业知识，医嘱或者在药店里接受的服药指导过一段时间就忘了，这时候千万不要想当然地乱猜，可以登录“药学情报院”网站，通过搜索药品成分，确认好药物的详细信息和注意事项，弄明白了再吃。另外，还要经常关注一下小药箱里的药品是否已经过期，过期的药物一定不要再吃了，应该废弃。需要注意的是，为了更好地保护环境，废弃药物作为一种特殊的垃圾，需要单独分类，不能随便往某个垃圾袋里一丢就不管了，最好的做法是拿到药房或保健所废弃。

7．少穿高跟鞋

曾经有很长一段时间，我一直穿高跟鞋，而且是很高的那种，在这方面我深有感触，有一定的发言权。可以说，高跟鞋除了满足个人的喜好，让身体姿态看起来更挺拔一些，不会带来任何健康上的好处。研究结果表明，经常穿高跟鞋走路，腿部肌肉可能会得到一点锻炼，但时间长了会引发身体的炎症，炎症又会引发各种疾病。其实，一整天穿着高跟鞋真的很辛苦，走得多了腿会肿起来，晚上回到家感觉全身都特别累。对脚来说，最舒服的当然是不穿鞋，其次是有气垫的运动鞋。可是，职场人哪能天天都穿运动鞋呢？需要穿高跟鞋的时候还是很多，不过，你可以在办公室里放一双舒服的鞋子，偶尔换一下。

8．住在医院多的社区里

找房子的时候，我非常看重交通是否便利，与此同等重要的是周围是否有医院。我现在所住的社区，步行 5 分钟的距离有一所综合医院，另外还有好几家私立医院，我觉得真是太好了。我特别重视身体健康，希望自己总能保持最佳状态，只要身体有一点异常信号，我就会赶紧去医院找大夫看看。我认为，如果已经生病，在初期发现肯定是最好的，当然更好的是没病之前提早预防。发现身体异常，千万不要忍着，更不要幻想过两天自己就会好了，要积极地去医院接受检查和治疗。不少人说年纪大了以后想去乡下生活，我的观点是，如果已经到了“病找人”的年龄，还是住在附近有医院的城市社区更好。

9．冥想，让大脑暂时停下来

冥想可以让高速运转的大脑暂时休息一下。有的人觉得冥想很困难，很可能是某种偏见先入为主了，错误地以为冥想一定要盘腿打坐，用特别的技术才能让心静下来。我曾经也付费使用过手机 APP 里的冥想教程，然而并没有给我太大的帮助，白花了不少钱。后来我慢慢意识到，舒舒服服地躺在床上，把头脑放空，发一会儿呆，这种状态就很接近于冥想。虽然不知道冥想和灵魂出窍有什么区别，但可以肯定的是，我们的大脑需要休息，暂时停止工作，停止思考，静静地待一会儿，肯定有助于缓解大脑疲劳，恢复精力。

辑四 现在这样就很好

美丽的自然老去

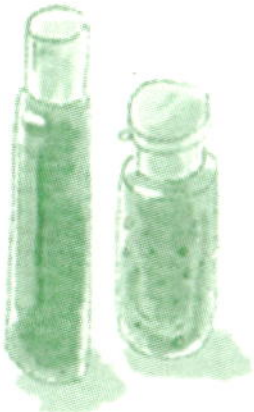

坦然接受衰老的到来

做菜的时候需要一点清酒，家里没有了，我只好出门去买。走在路上，我的脑子里一直在胡思乱想："超市老板让我出示身份证怎么办呢？我没有化妆，还穿着这么宽大的T恤衫，一副未成年人打扮，他会卖给我酒吗？虽然已经三十多了，但是我会不会看着还是很像未成年人呢？二十四五岁时坐公交车，司机还让我买学生票了呢……哎呀，人家好苦恼欸！"我一边走一边自恋地幻想着，越想越开心，简直有点喜不自胜。然而，我并没有被超市老板当作未成年人，也没有被要求出示身份证，我直接买到了酒。刚才还沾沾自喜，以为素颜会让我看起来显小，原来是一种错觉！实事求是地说，我的长相确实不是很成熟，但也没有那么显小。

我第一次发现自己长出白头发那天，感觉整个世界都坍塌了，陷入了深深的忧郁之中。过去，我并没有认真感受过年龄增长带来的变化，然而身体却老老实实地接受着岁月雕刻的痕迹。

比我大8岁的姐姐从小就不厌其烦地告诫我："年龄越大越要好好保养皮肤，这是非常重要的。如果脸色红润，肤色均匀，即使不打粉底，不擦腮红，也会显得淡雅而靓丽。"也许，淡雅靓丽正是她所追求的理想美。

大概五年前，我一直是非常认真护肤的：根据皮肤细胞的生长周期，定期去除角质；用知名专家推荐的方法洗脸；洗完脸，依次涂抹爽肤水、精华液、眼霜，乃至弹力霜等，每天都花很长的时间涂抹护肤品；每周还要贴几次面膜，涂几回睡眠面膜，给皮肤补充水分和营养。另外，口服的胶原蛋白和各种有助于美容的营养补充剂也一天不落坚持服用着。不仅如此，为了美白肌肤，我还曾经去皮肤科做过光子嫩肤手术……怎么样，在保养皮肤上，我算得上非常勤奋了吧?

但是，在选择了极简生活之后，我大幅缩减了护肤品的数量，省略了大部分的护理流程，没想到，皮肤反而变得很舒服。即使偶尔疏于保养，也不会像以前那样敏感了。每天只是用一些普通的护肤品，皮肤也不会受损。说起来真有趣，曾经一度认为很重要的东西，像铁屑信任磁石一样虔诚地相信着的某个东西，在领悟到"不那样做也行"的一瞬间，居然立刻改变了，而且，一个与之完全不同的信念随之牢牢地占据了那个位置。

从我小时候起，妈妈就总是说，出门的时候只要干干净净就行了，不用费那么大劲捯饬个没完。现在，我终于重回妈妈主张的“干净就好”，对铺天盖地宣传的美容方法闭上了耳朵。我是油性皮肤，所以每天早上洗面奶简单地洗洗脸，再涂一点保湿霜就可以了。去角质、贴面膜等这些啰嗦又效果不明的操作已经统统省略，没想到皮肤状态却非常好，看上去润泽光亮，很健康。

相比于在表面上下功夫，我认为，保持皮肤健康的秘诀是养成健康的生活习惯。为了防止皮肤胶原蛋白流失，我几乎不吃任何精制糖，烟酒从来不沾；以健康的饮食投喂自己，保持充足的睡眠；适量运动，“佛系”生活……当然，可能说起来简单，其实也许是世界上最难的皮肤管理法了。

虽然我把护肤品精简到只剩下保湿霜，但还有一个绝对不会精简的护肤的法宝，那就是按摩。洗脸后涂抹保湿霜，然后用按摩辊细心地按摩脸、脖子、颈线。按摩有助于促进淋巴液和血液的循环，消除脸部浮肿，让皮肤变得通透有光泽。自己做按摩确实有点费事，但好在现在也没有那么忙，做做按摩，放松放松肩颈肌肉，也是不错的享受。

做完美容按摩，重新审视镜中的自己——我已不是天真无邪、一脸稚气的小孩，而是成熟稳重、平静淡泊的中年人了。岁月在我的脸上刻下了深深浅浅的印记，但我绝不会对镜子里的人说“我对这张脸不满意”“你已经老了”“你完蛋了”之类的坏话。

不知道从什么时候起，我不再评价自己的外貌，因为我知道，我就是我，且将一直是我。正如此刻，直面镜中不再年轻的自己，发自内心地接受渐渐老去的自己，这种淡然的心境就是我迎接每一个新黎明时发出的亲切问候。

面部气象就是对世界的态度

我在一本时尚杂志上看到过一篇人物采访，被采访者有两句话给我留下了深刻的印象——她先是说：“不管什么时候，我都只涂香奈儿口红的特定色号。”后面她又说：“我找到了属于我自己的、终生所爱的颜色。”我觉得尤其是后面这句话，真是太精彩了，我特别赞赏她没有迷失在新品不断上市的眼花缭乱中，坚守着最能代表自己风格的东西。

喜欢化妆的人，可能都有过这样的体验：用了某一款产品之后特别满意，仿佛遇到了只属于自己的“人生单品”，觉得它简直就是为自己的肤色量身打造的，甚至会生出“有此一件，夫复何求”的感慨。但是，过不了多久，就又对新产品产生了浓厚的兴趣。新产品像卫星一样整天围绕在我们身边，铺天盖地的广告用精美的画面、简练的语言不间断地轰炸，带有强烈的心理暗示——用上这款产品，我就会得到更多人的喜爱，就能赢得成功，我想要的一切都会有力量去实现……这热烈的攻势谁受得住啊？

“2”字打头的年龄一去不返，30 岁如约而至，这是我人生中一个重要的转折点。那段时间，我开始感受到生活的压力，每天心烦意乱地思考着未来该如何度过。经过长时间的思索和多番尝试，我终于确定了专属于自己未来生活的两大方向：一是营造能给身心带来健康的舒适生活，二是追求存在于我自身和我周围的高雅美。这一段时间的思考和尝试，对我来说是一段重新学习的经历，学习如何以自己本真的面目生活得更好，不必迎合别人的眼光，也无须在意别人喜欢与否。

这种生活哲学也自然而然地渗透到了我现在的化妆习惯中——我不再模仿明星们推荐的化妆方法，也不再盲目追捧那些所谓的网红化妆品。比起每天精心描绘的仿明星妆容，我更希望朋友们无论何时看到我，都觉得我没什么变化，就像生活在静止的时间里一样。希望朋友们再见到我时，会惊讶地说：“哎呀，你怎么跟记忆中一模一样，一点变化都没有呢？”这样的评价会让我更开心。

“你素颜也这么白啊，涂上红色的唇膏后，看上去就像巴黎女人。”

听到这位很会赞美别人的同事说我“像巴黎女人”的时候，我非常感叹，这是最近听到的话里最深谙我怀的一句，因为一直以来我的美容灵感就来源于巴黎。虽然法国女演员蕾雅·赛杜非常美丽，很有魅力，但是法国人喜欢用“Jenesaiquoi”这个词语来形容“虽然谈不上端庄美丽，但是有着某种微妙魅力”的人，我觉得最具这种气质的女星非夏洛特·甘斯布莫属。我常常被那些妆容自然到好像没有打扮过、好像没有在化妆上用过心一样的人吸引。我看过许多法国的书籍和电影，对巴黎人的魅力进行过认真的研究，越研究越发现，其实他们并非无心，而是在用心追求自然和本真，这个发现让我觉得很有意思。

华丽的装扮是不自然的，巴黎女人崇尚自然美，她们不会用厚重的粉底遮盖住皮肤本来的纹理，使每个人的脸看上去都一样光滑无瑕，失去独有的特征。但是她们也不会完全不修饰，她们喜欢在补水霜之后涂一点 BB 霜掩盖缺点。她们比任何人都更彻底地研究自己，塑造出最能体现自身独特魅力的妆容。这种尊崇自然、显露本真的态度，成了我的美妆灵感。

我非常认同崇尚自然的理念，也想塑造出属于自己的妆容。如果想让五官发生明显的改变，只能靠整容，但是费那么大劲得到的容貌，不仅容易千人一面，失去辨识度，而且也会随着岁月流逝发生很大变化。我想从我现在的样子中找到一种能保持一生的美感，那是伴随着舒适感而存在的一种美。“不舒适就不是真正的奢华。”可可·香奈儿曾经这样说过，“要去除那些令人不舒服的修饰，可以选择五官中最喜欢的部分加以强调。”我最喜欢的是嘴唇，在化妆的时候重点强调唇部的妆，让它更加特征鲜明，成为我的代表。

我在化妆时使用的产品共有三种：带有防晒功能的 BB 霜、眉笔和口红。一直以来，我都使用同一款 BB 霜，从来不换。因为经常换品牌很容易出现成团、浮粉或卡粉等问题，而皮肤一旦适应了某款产品，使用的效果有保证，就可以一直安心地用下去，再无须为此费心。对于化妆的流行趋势我已不太在意，每天都是以相似的妆容出门，但是我要认真呈现的是由面部散发出来的气象：用闪烁着好奇之光的眼神代替眼线，描绘出温润齐整的唇线，平稳中不失灵动，给人平和从容的印象。

脸上诸多的表情肌微妙地变化着，形成了人独特的面部气象，最终表现为面对世界万物的态度。我想，每个人在花费很多心思化妆之前，可能要在丰富自己的底蕴方面下更大的功夫。

什么时候看到我，都是老样子

"您大概没去过周围的理发店吧？"

说这句话的是我家门口理发店的发型设计师，我是这家店的老主顾，已经在这儿理了好几年了。如果不是眼睛很尖的人，可能看不出我的头发是在理发店理的，当然也不会知道我还办了一年的会员，经常来护理头发。可是，我对此很满意。

"你做头发了啊？""这个发型不错，很适合你。""还是之前的发型好看。"凡此种种，生活中常常会听到这样的话——总有人喜欢把对别人的关心聚焦在外貌上。发自内心的赞美也好，略带酸味的嘲讽也罢，对我来说，被别人评论外貌心里总不是那么舒服。己所不欲，勿施于人，在这方面，我首先做到让别人舒服。比如，我在看别人的时候，往往一瞥而过，绝不会长时间地盯着对方，以免使对方感到不快。我希望聊天也好，打招呼也好，不要针对外貌特点来谈论对彼此的印象。这也许是因为我在最爱打扮的那个年龄段，感受到了来自外貌的自卑感。

在力行极简生活的几年里，我的观念发生了不小的变化，做任何事情的出发点都不再是变美，而是保持健康。判断是否要做一件事情的标准也从“别人会觉得漂亮吗”，变成了“它能帮助我保持好的状态吗”。在这样的理念之下，我不再在化妆上下功夫，当然也不会在发型上多费心了。染发和烫发都很伤发质，所以我拒绝染烫。我喜欢自己亮亮的黑发，即使有点卷曲也不要紧，因为这就是我与生俱来的样子，我对此很满意。

我去理发店办卡不是为了做发型，而是为了更好地保养头皮和发质。虽然这样的保养自己在家也能做，但是我觉得借助专家的手效果会更好。刚参加工作的时候，我作为杂志社记者，有时候会和清潭洞一带的明星发型设计师见面，他们都一致强调头皮健康的重要性。他们说，头皮的老化会对脸部皮肤产生影响，因为头皮和脸部皮肤是一个整体。老化的头皮细胞受到重力的作用而失去弹力，脸部皮肤就会下垂。另外，头皮不健康会导致脱发，因而要特别注意养护头皮。

护发专家们的建议让我对头皮健康非常关注，所以我会定期去理发店做头皮诊疗，在家里洗头发的时候也会仔细地按摩头皮。其实，不管是头皮健康还是面部皮肤健康，都取决于血液循环得够不够好，血液中含有的营养物质有多少能传送到表皮。如果我的这些小小的做法能有助于血液循环，那就太好了。

保养头发首先要方法正确，而且要坚持每天都做。洗发前先要把头发梳顺，每天早上起床洗脸前、晚上睡觉前可以梳几分钟头。不要小看梳头这么一个简单的动作，经常梳头的话，即便不用护发精华也可以使头发柔软有光泽。最好是准备一把刷子样的圆梳子和一把宽齿的扁梳子，两种梳子换着用。尽量不要用塑料材质的梳子，容易产生静电，木制的梳子就很好。还可以用梳子齿轻轻地敲打发根处以促进头皮的血液循环，当然敲打的力度要适当，并且选择末端是圆形的梳子，避免梳齿太尖过度刺激头皮。有一种高档的发刷，梳齿是用野猪毛做的，推荐给有脱发困扰的人使用。日常梳头或者按摩头皮，用木制梳子就可以了。

岁月挡不住白发啊！刚开始长出白头发的时候，人们大多会说自己将来不染发，而且总会有人表示赞同。但是随着白发增多，很多人还是不得不考虑染发了，我也深为将来染发而担心。有一次理发的时候，我发现居然长出了白头发，而且足足有16根！理发师不是把它们拔掉，而是用剪刀贴着发根一一剪掉了。我问理发师："等到某一天，白头发多到剪不了的程度，该怎么办呢？"

听我这么问，理发师"哈哈"地笑了，好像在笑我杞人忧天，头发还好好的呢，才长出这么几根白头发而已就开始恐慌了。他说：“如果白头发不多，剪掉比较好，拔的话容易引起毛孔炎症。因为即使是长出白头发的毛孔，也还有可能重新长出黑头发呢，所以要注意保护好毛孔。白头发逐渐多了的话，可以选择给头发打蜡的方式遮盖白头发，蜡质在头发表面会形成一层保护膜，能起到护发的效果呢。打蜡跟传统的染发不一样，是表面涂层的方法，所以对发质的伤害会小一些。现在很多人选择这种方式。”

有一家经常光顾的理发店，有一位熟悉我偏好的理发师，真是太好了，这让理发变得简单而又安心。无须仔细询问，也无须详细解说，理发师自会看着办，做出令我满意的发型。

我的发型一年到头都没有什么变化，的确有点单调。很多人都说“换个发型可以立刻转换心情”，我觉得很有道理，只是不知从什么时候开始，我不再把心情的转变投映在发型的改变上了，我可以用其他方法让心情快速好起来。我所追求的“什么时候看到我，都是老样子”的那种生活状态，不光体现在面部妆容上的始终如一，也体现在发型上的常年不变。

此刻，我想把我的样子原封不动地复制下来，因为我朋友的口头禅——“今天是余生中最年轻的一天”这句话，忽然回响在我耳畔。

好习惯清单

今天的皮肤也很舒服

1．万能的凡士林

我所使用的护肤品已经精简到极点，只有一瓶洗面奶，一瓶保湿霜，然而我的皮肤很舒服，没有什么问题。你也许会好奇：只用这两样东西真的就能保护好皮肤吗？其实，如果没有凡士林的帮助，可能会有点困难。洗脸之前把凡士林涂在嘴唇上，其中的油分可以溶解口红里的固色成分，能起到给唇部卸妆的效果；在涂口红之前先涂一点凡士林，相当于给嘴唇做了一个唇膜，可以软化嘴唇的角质，还能防止口红的色素渗入唇部皮肤；喷香水时，将凡士林薄薄地涂抹在皮肤上之后再喷，香味会持续得更久。

凡士林还可以用于滋润身体皮肤，比如粗糙的脚后跟皮肤，使用凡士林的效果就特别好。睡前在脚后跟上涂上凡士林，再穿上睡眠袜，第二天就会发现脚后跟的皮肤明显变柔软了。不仅如此，凡士林还有一定的医疗作用。轻微烧伤时涂抹凡士林，可以保持皮肤湿润，还可以保护烧伤部位免受细菌侵害，有助于伤口快速恢复。

2．洗澡后喷香水

据说，韩国人和日本人只要经常洗澡，身上就不会有异味。在韩国，特意使用身体除臭剂的情况是非常少的，韩国人使用香水，主要是喜欢芳香气味的疗愈效果。洗完澡，在清爽的身体上喷一点香水，令人神清气爽，充满活力。我还有一瓶身体喷雾，是跟香水不一样的香型，我很少用。因为我觉得，从身上散发出来的香味最好不要经常变化，保持一贯比较好。我最喜欢散发着大自然气息的香草味或柑橘味香水，这种清新淳朴的香气能够有效地缓解身体肌肉的紧张感，令人心神安宁，心情舒畅。

3．洗发后不要立即卷发

我相信很多人都和我以前一样，洗完头发后，为了防止头发四处滴水，在头发还很湿的时候，就会卷成一团。这其实是一个不好的习惯，会给头皮带来不好的影响，卷得太紧还会导致脱发。正确的做法是用干毛巾像敲打头部一样轻轻地擦拭一下，然后在肩膀上铺一条毛巾，吸收从发梢上滴下来的水。为了不影响头皮的血液循环，日常我尽量不扎头发，要扎也会松一点；另外，我不会把辫子总扎在同一个位置上——我可不想看到我宝贵的头皮受到什么刺激，用大把的脱发来报答我。

4．护肤必需品——防晒霜

日益严重的环境污染令我非常担忧。全球气候变暖，北极冰盖融化，海平面不断上升，真担心将来有一天我们的家会漂浮在大海上。不仅如此，紫外线也越来越强。为了保持皮肤不被紫外线伤害，一年四季都要认真地涂防晒霜，不要嫌麻烦。这不仅是为了延缓老化，更是为了防止患上皮肤癌。

5．修剪指甲后涂一滴精油

做美甲已经从我的生活中移除了，不是我不喜欢漂亮的指甲，而是因为美甲漆的材料会损害健康。曾经我也沉迷于美甲，那段时间我的指甲被美甲漆破坏得很严重。现在我已经好几年没做过美甲了，指甲重新恢复了健康。此刻，我把指甲修剪得干净利落，洗净手，在指尖上滴一滴精油，从指甲开始，依次细细地按摩手指、手掌、手背，这短短的几分钟，对我来说也是很好的放松。

辑五 散落的生活碎片

用最小的努力维持正常的生活

属于自己的幸福仪式

如果你偶尔觉得生活很无聊，那么我要告诉你，这其实是一件值得庆祝的事呢。因为即便没有令人心情压抑的大烦恼，只是索然无味地重复着昨天,对很多人来说也并不是一件容易的事情。如果你愿意去想，工作成绩、人际关系、遥远的未来等，方方面面都有许多令人担忧的事情——不停地给自己制造烦恼，似乎已经成了我们的习惯。在不满足于现状的情况下，如果没有什么特别的烦恼，那么一件很小的事情就有可能成为心头的忧患，这真是一个坏习惯。从现在起，不要追求激动人心，只是静静地享受无聊吧，以“希望今天也是平安无事的一天”的心态，带着混合着担忧的希望，迎接美丽的清晨。

啊，好不容易睁开眼睛，就又想回到睡梦中了。每天早上，为了成功地变身为一个整装待发的打工人，我都要使出全身力气跟像云一样柔软的床垫和散发着清香的被子做斗争。当我摆脱了它们的诱惑和纠缠，美好的一天正式开始了。我将首先度过一个跟昨天没什么不一样的早晨。有人把我这样的生活方式称为有“仪式感”。“仪式感”这个词，在原有的意思之上，被赋予了新的理解，成为人们公认的“在日常平凡的生活中发现幸福”的具体操作方法。

透过窗户，我观察了一下这崭新一天的外部世界，然后打开窗子。早晨给房间通风，是我从不间断的“仪式”。当然，偶尔也会因为恶劣的天气不能开窗。可即便是雾霾浓度很高的日子、冷得直打寒战的日子或是大雨瓢泼的日子，有着不适宜开窗的种种理由，我也还是会小心翼翼地给窗户开一条缝，闻一闻一小时后我将面对的这个世界的味道。

电影《土拨鼠之日》中主人公陷入了无法逃脱的时间循环，总是重复着相同的一天，但我们的情况却截然相反，我们的日子没有一天是相同的。打开窗户的那一瞬间，我就知道今天的空气和昨天的不一样。

对我来说，最好闻的味道是被雨淋湿的泥土味，浸润着花香的初夏暖风的味道，还有裹挟着一丝凄凉感的寒冬冷风的味道，无论冷暖我都很喜欢。当然，有些时候只闻到了浓浓的灰尘和煤烟的味道，这让我切身意识到我生活在城市的中心。我在开窗通风的刹那间所体会到的感情，与其说是幸福，不如说是感恩。迎来新的一天让我感恩，可以做自己喜欢的事也让我感恩。

在开窗通风的同时，我以小小的关怀之心整理好床铺，只为晚上下班回来劳累的自己能睡一个好觉。人们会为思考遥远的未来而花费时间，但是为浅近的未来该做的准备，往往会用“到时候再说”的理由拖延下去。未来几十年后的我会是什么样子我无法想象，但今晚疲惫的我躺在床上时的情形却可以在脑海中清晰地描绘出来，为了即将到来的今晚的安眠，我会在早上细心地整理好被子。

每个人都愿意在干净的床上睡觉，酒店的床上用品可以每日更换，但是一个人生活，就不能期望这样豪奢的待遇了。床单和被罩我一般在周末更换，但枕套我每三天会换一次。每天早上起来，我把盖了一晚上的被子拿到外面去拍一拍，扫一扫，然后平平整整地铺在床上，让它们享受从窗户射进来的阳光。这种不可缺少的“仪式感”，就是想让自己无论什么时候躺下，都能拥有一个令自己身心温暖的被窝。一点一滴细小的满足感积聚起来，就能感受到笃定的幸福，真希望生活中能有更多这样的事情，由过去的自己关照现在的自己。

如果想给平凡的日常增加一点幸福感，大多数的人可能会选择用美丽的鲜花装点房间，或者通过芳香疗法舒缓身心，虽然从这些立刻就能感受到舒适的方式中得到幸福也不失为一种好方法，但是我的日常幸福意识是把时间花在可预测的浅近未来的需要上，比如把硬邦邦的拖鞋换成更舒适的款式这种小事。

当细腻的关怀无处不在时，就可以如我所愿地度过平安顺利的一天。让家里的空气保持清新，让枕头和被子保持柔软蓬松，平静如水的日常生活就是这样形成的。

衣柜里藏着你的审美取向

每个人的衣柜都体现着自己的审美取向——衣柜里面的衣服要么是你喜欢的颜色，要么有着独特的设计，要么实用百搭穿着方便，它们所填满的，是这个世界上独一无二的你的衣物世界。这其中，有的衣服可能带给过你精挑细选的乐趣，有的则代表着珍贵的回忆要珍藏一生。但是你知道吗？你的衣柜里肯定也藏着迷恋和懒惰。为什么这么说呢？因为，你一定还保留着一些尺码小得不能穿的衣服，你总是期望着有一天瘦下来就可以穿了（其实即便真的瘦下来，你一定会去买更漂亮的衣服）；也可能有一些又旧又脏的衣服，长年累月地放在角落里，总是舍不得扔掉。你有没有因为新买的衬衫挤不进密密麻麻的衣柜而生气？你有没有面对着满满当当的衣柜抱怨“没有衣服穿”？

无论多漂亮的衣服，你都有可能不满意。衣服有什么罪呢？你只是讨厌那天的自己而已。那些像一日三餐一样频繁地“省吾身”的人，很容易对自己感到不满意，也很容易变得忧郁。曾经的我也总是盲目地认定都是因为我不够好才导致这些糟糕的事情发生，希望明天会有一个崭新的开始。成为一个崭新的人，最简单的方法就是买新衣服穿。

从起初买质量一般的廉价衣服，到靠着分期付款买与我当时收入不符的昂贵衣服，我得到的是一次次转瞬即逝的满足感、即将爆炸的衣柜和滚雪球一样膨胀的账单金额。消费者行动研究者拉塞尔·贝克教授发现，消费者发生购物行为，要么是为了摆脱现有的认同感，要么是为了拥有新的认同感。换句话说，人们会认为自己拥有的东西就能代表自己，通过购买和使用昂贵的东西，就可以进入一个有别于现实的特定组织。

衣服改变不了我本来的面目。虽然我深知这一事实，但是买新衣服、搭配出不同风格，对曾经攻读时装专业的我来说，是一种很大的乐趣。虽然疯狂买衣服的那段时间没攒下钱，但是不管是失败的教训还是成功的经验，对我来说都是不小的收获，我找到了自己最喜欢也最适合的穿戴风格。审美取向不是天生的，而是在一次又一次的尝试中逐渐形成的。当你弄清楚你对哪一次的选择更满意，你的取向就变得明晰，进而你的取向会帮助你制定选择的标准。这么说来，沉迷于买衣服的那段时间让我更加了解了自己，我并不认为那是一段没有意义的经历。

一年四季总共50件衣服

即便是过着极简的生活，每到换季的时候，我也还是会添置一两套衣服，但是，我对衣服的总量进行了控制。现在，我的衣柜里总是齐整利落。我越来越发现，人其实并不需要那么多衣服，夏装搭配开衫就是春装，春装搭配大衣就成了冬装。我把衣服洗净熨平，把纽扣都缝好，按颜色分类，再按长短排序，整整齐齐地挂在衣柜里。总量精简之后，衣柜的空间绰绰有余，一点也不拥挤，取下来挂上去都特别方便。

衣服少了，可选择的范围明显变小了，但有趣的是，站在衣柜前反而没有什么可纠结的了，挑什么穿什么都很满意。当然，这也带来了另一个结果，就是总买风格相近的衣服。

我给衣柜里的衣服列了一个详细的清单，分成上衣、下衣、内衣、外套等几大类，分别记录了品名、购买日期、颜色、价格、品牌以及购买场所等。淘汰掉一件衣服，就把那件衣服的记录删掉；新买来一件衣服，就在最上面添加一条记录。透过清单，我一眼就能看出家里现有哪些衣服，这常常有效地阻止了我的冲动购买，因为清单上记录着家里有一件差不多的衣服。也许在遥远的将来，我的衣物会减少到不需要列清单的程度。

“我听一位女企业家说过，喜欢的衣服她会买两件，平时穿一件，另一件作为预备用。”这是姐姐告诉我的秘诀，因为有一次我跟她说，我总是把喜欢的衣服穿到需要修补的程度，直到再也不能穿，扔掉的时候还觉得好可惜。

但是到现在为止，那些穿得又旧又破才扔掉的衣服中，有没有令我怀念的，我已经想不起来了，因为每一年我都会添置几件喜欢的新衣服。我从来不会舍不得穿新衣服，我会把它们穿得漂漂亮亮的。当衣服的寿命即将结束时，怀着感谢之情和它告别，再迎接新衣服。

房间卫生“差不多就行了”

我今天比平时提早 30 分钟起床，因为有一些厨房里的活儿要干。昨天我清理了冰箱，还把一些洗好了的密封保鲜盒晾在沥水架上。现在，我要把这些容器整理好放起来，还要清洗一下沥水架，这些都需要时间。为什么偏偏在工作日清理冰箱呢！哪怕牺牲了宝贵的睡眠时间，也要把该打扫的打扫完，心里才会觉得痛快，这到底是一种什么心态呢？我很好奇啊。

三年前，我都是和哥哥弟弟一起生活的，他们俩很擅长收拾屋子，我总是干得最少，只要把自己的空间收拾干净就行了。完全独立生活的这三年里，如果说有什么事情让我对生活有了重新的认识，那就是家里需要清理和打扫的地方真是太多了，清扫也并非简单地擦一擦就完了。

当我发现洗衣机槽和下水道也得清洗的时候，我觉得生活的浪漫消失了。

如果把阿兰·德波顿的小说《爱情笔记》的故事代入打扫卫

生，两者的情形就太相似了。刚刚开始独立生活时，房子的角角落落都可以按照我的喜好来装饰，这是令人心动的短暂浪漫。但是浪漫很快会过去，接踵而至的就是现实的生活，漫长而琐碎。家务活的特点就是没完没了，刚收拾好不大一会儿又乱了，还得重复做，就像西西弗斯推石头一样。

虽然我也认同打扫卫生是日常生活的重要部分，但幸好我对于卫生的要求是“差不多就行了”的程度。事实上，对于生活中的大部分事情，我都是以“差不多就行了”的态度看待的。我理解的“差不多”，其实往往意味着已经尽了全力，只是结果有点不尽如人意。

到现在为止，我从来没有拿过第一名，没有登上过最高的领奖台。比如，无论我多么努力学习，从来没拿过第一名；我没当过学科会长，最高也只做过副会长；我从来没拿过最高奖，只得到过优秀奖；托业考试[①]我定下了超过900分的目标，结果只得了870分……从小到大我一直很努力，但是第一名、首席、大奖等荣誉从来不属于我。即便如此，我的心态依然很平和，我觉得像嫉妒莫扎特的萨列里，还有韩国动画片《奔跑吧，哈妮》中的罗爱丽那样处心积虑地争夺第一，是一件很累心的事情。适当地努力，同时满足于取得的结果，这样才能保护好自己，不被失败

① 托业考试：即TOEIC考试，国际交流英语考试。

后自己内心中强烈的剥夺感伤害。

总是适当努力并满足于结果的我，在我能力可及的范围内什么都喜欢做，做什么都很享受。打扫卫生也是如此。把房间里里外外都收拾得一尘不染，这根本不是我能做到的事。有时候我会在网上看到一些精通打扫的家庭主妇，她们就像有强迫症一样，把相同规格的密封保鲜盒，像搭乐高积木一样整齐地收纳在冰箱里，甚至连冰箱中间那个变温室也擦得闪闪发亮。我对照着人家的水平，检查了一下我家冰箱的卫生，琢磨着要不要新买一些密封保鲜盒，在购物网站上看了半天。

可能是因为设计风格的不同，我没找到感兴趣的保鲜盒。这时，我内心中的那个“差不多就行了”主义者抬起头来：“我们家又不是什么样板房，收拾到我自己舒服满意的程度就行了。没必要跟网上那些连面都没见过的人比较啊。”

我不想把大部分的闲暇时间都用在打扫卫生上。坦率地说，如果可以，我想把打扫卫生的工作交给别人，节约出时间来做点自己喜欢的事。但是就我家这么一点点家务也交给别人去做，好像有点可笑，我只好经常用那个老式的吸尘器自己打扫。早上花5分钟吸尘，虽然是微不足道的投资，却有很大的好处。如果说昨天晚上我会想象着明早起床的情况，提前做一些准备，那么早晨的时间我会考虑到晚上下班回来的情形，力所能及地做一些家务。想象着我一整天被工作折磨，筋疲力尽地回到家，这时最急需的是补充能量，但如果一进门看到的是一个脏乱差的房间，怎么能有舒适的感觉呢?

我的房子不大，每天也没有那么多活儿要干，即便是对打扫卫生不那么热爱，也能勉强保持干净。大幅减少了生活用品的规模之后，我所养成的好习惯就是我清扫工作的全部——需要洗的毛巾立即放到洗衣篮里，换上新毛巾；产生出来的垃圾立刻扔到垃圾桶里，不会放在桌子上等。虽然是很小的举动，但只要不拖延，打扫卫生的压力就会明显减少。

我的家不够完美，我不会把衣服叠得有棱有角，也不会为了家里一尘不染整天拿着抹布。浴室里能没有一点水渍吗？每个人都有自己的标准，我不要求达到最高标准。下班回到家，玄关那里没有堆放着鞋子，脱下鞋子迈进房间，光滑干净的地板迎接我，这就足够了。

做不完的家务活儿

一位在日本生活了很长时间的同事，和一位非常了解我的朋友，每当看见我对什么东西要求干净利落的时候，都说我像日本人：不干净的卫生间我坚决不去，饭店里饭不好吃我可以原谅，卫生差不能原谅。她们觉得我有洁癖，其实并不是，我只是不喜欢既陌生又不干净的地方。

日本人是干净的代名词，我无法反驳这种说法。我想起了以前在设计课上学过的内容——如果想以极简主义风格进行设计，就不能绕开日本的禅宗美学。日式风格的设计中，代表自然主义的就是禅宗。禅宗始于中国的达摩祖师，是一种广为流传的佛教教理。禅宗的修行方式称为坐禅，盘腿而坐，清心冥想。如果坐在又脏又乱的空间里，自然很难净化心灵。深受禅宗思想影响的日本人为了能够净化心灵，理所当然要从整顿周围环境开始。这样的哲学思想世世代代流传了下来。我想，我们是否也可以把干净的空间视为“善”①呢？当然，这毕竟是我的假设。

① 韩语里“禅”和“善”同音。

在京都的龙安寺，我见到了像水墨画一样的枯山水式石庭，还有日本传统旅馆那光滑的地板，让人走上去就不由得会小心翼翼。这些空间给人的微妙的静谧感，消除了内心的芜杂，让人的注意力全部集中在一个地方。如果我的房子也能成为那样的空间，家务事又没有那么多、不那么耗费精力就好了。

做完饭马上把煤气灶面板擦干净；

洗碗布每半个月更换一次；

阳光好的日子，在阴凉处晾晒菜板；

纸巾、厨房毛巾用完之前及时购买；

半个月大扫除一次；

插座上的灰尘擦干净；

清洗牙刷架和托盘；

下完雨立刻擦窗框；

每季度给下水道注入一次洗涤剂；

清洁空调过滤器，擦去电风扇的灰尘；

……

家务活儿如此细碎烦琐，永无止境，只要愿意干，总是有的。如果想把家务活儿做一个清单统计出来，其种类之多可能足以与《八万大藏经》相当。那些细小的家务活儿聚集在一起，维持着这个小小的世界。我一整天在办公室里从事着脑力劳动，回到家里，像长工一样“吭哧吭哧”地做一会儿家务，也不失为脑力劳动和体力劳动平衡的好办法。

周日的上午，我会多花点时间清理家里的死角，把洗好的衣服熨平，分门别类地挂起来。每次熨衣服都会出一身汗，我会先舒舒服服地洗个澡，然后穿上漂亮的衣服出门，脸上带着“十指不沾阳春水”的大小姐一样的惬意表情，优雅地坐在商场餐厅里，点上几盘价格不菲的寿司，美美地吃一顿，当作犒赏自己辛勤劳动的小福利。虽然此时脑子里还不免在想，明天上班顺路把家里积攒的废旧电池放到社区中心统一的废弃箱里，可别忘了。

饭后立即洗碗

在这个世界上，如果说有什么事是放着不管、任其发展还能产生好结果的，恐怕只有存钱这么一件了。无论什么事情，问题小的时候总是很容易解决，但如果一味拖延，就可能演变成大事。日常生活中的许多事情都是一样的道理。

吃得少有很多好处，其中很重要的一条就是饭后打扫战场也很简单。以前做得多也吃得多的时候，摆放品种繁多的小菜会用上很多餐具。为了做得更精致，各种锅具、刀具、模具等也都得拿出来用。面对精心制作的美食，经常大快朵颐，肚子饱得连一根手指头也不想动，只想歪在沙发上，更别说立刻起身收拾厨房了，只能拖着待会儿再洗，甚至会拖到下一顿要做饭之前才洗碗。而且要洗的东西很多，常常要洗将近一个小时。回顾以前的生活，从做到吃再到洗，每一个环节都是体现着繁杂而浪费的特点。

我独自生活之后，发现和家人一起生活时的很多做法是需要反省的：比如，像水杯之类没有油渍的，用水冲洗之后就能用的餐具，用完即洗的话就能减少饭后洗碗的劳动量，但是那时我并没有做好这些“举手之劳”的事情，给负责洗碗的人带去了不小的负担，现在想想真是惭愧啊。那时候我的想法是“洗碗不归我管，待会儿让别人一块儿弄吧”，不懂事的我还常常耍赖，因为总会有人替我把弄乱的地方收拾好，总是依靠别人的好意舒服地生活。

读了保罗·科埃略的小说《查希尔》，我突然醒悟了，在这个世界上自动运行着“好意银行”。人与人之间的好意就像存款和取款，如果我该做的事情让别人代替，哪怕是家人，也要记在账上以后再还。哪怕再亲近的关系，只要一直不停地索取别人的好意，总有一天那个负数的存折会被破产处理，亲近的关系也就结束了。如果你觉得自己跟别人之间，有被切断和被赶出来的感觉，那就得赶紧反思一下了，到底做了什么让对方感到失望。同样，如果周围人一味地从我这里提取好意，我也会不堪重负，直至收回我的好意。一度依赖家人的好意而懒惰的我，在独自生活后才深刻反省，对家人无条件的牺牲感到无比的感激。

《慢生活的意义》的作者哲学家皮埃尔·桑索曾经说过：“虽然我不清楚幸福的本质是什么，但是我很清楚什么能让人失去幸福。”能让人心情变差、对自己失望的，往往不是大事，而是小事，甚至极有可能是微不足道的小事。有时候我们会混淆“慢”和“懒”，慢生活是内心不焦躁，是放慢脚步、享受生活的一种人生态度，而“懒”则是怎么鼓励都不行，对任何劳动都充满抵抗的状态。懒惰必然导致拖延，而拖延就是生活走向灾难的开始。昨天就该做完的事情一直持续到今天的话，今天计划的所有事情都会因为这件事而推迟。

明天的事情交由明天的我去做，不要在今天过分逞强；但今天的事也要由今天的我来完成，不要拖延——这就是让生活变得轻松的方法。

我的今天也是这样：亲自下厨做饭，晚餐结束后立即刷牙，然后马上去洗碗，把厨房收拾得干干净净。在这些都做好之后，坐下来喝一杯水。就这样，平稳的幸福感萦绕在心头。我现在的心得体会是：虽然没有必要在各个方面都过于勤奋，但是在我停留过的地方，应该干干净净地抹去我留下的痕迹，这是折射出我人品的一面镜子。

生活中的“好物”

会经常使用的才是优质的产品，使用优质的产品，生活质量才能提高。我对家里现有的东西没有太大的不满，可能是因为即便是一个小东西，也是精挑细选的。晚上，我用常用的洗面奶和洗发水洗完澡后，用柔软的毛巾擦干头发，换上带着淡淡肥皂香味的有机棉内衣，觉得身心都特别舒服。我的内衣款式相同，颜色也相同，虽然没有变化会让人觉得单调无趣，但是我觉得，每一天都在做的事情如果没有什么变化，这本身就会给人一种稳定的感觉，会有一种不负期待的满足感。

我把生活必需品用表格的形式记录下来。化妆品、口腔卫生用品、内衣、毛巾、棉签、洗涤剂等日用品，一旦感觉到某一品牌的东西令自己很满意，就不再考虑其他品牌的了。制作好购物清单，用它来比较不同商城的价格、购买周期等，就会非常方便，还能保证在用完之前及时补充。

曾经有一段时间，我在一些没价值的事情上动了不少脑筋，原因是有一些产品价格更便宜，有一些产品是新推出的，还有一些是商家搭配好了成套出售的，所以很多东西经常换不同的品牌用。使用不同的产品固然总能体会到新鲜感，但是并非每一款产品都如宣传那样有效果。有些洗涤剂香味太浓，闻着头疼；某些昂贵的化妆品不适合我的肤质，脸上会出现过敏反应。这些经历让我深刻地认识到，因为价格便宜、额外赠送、允许使用优惠券等原因，频繁更换日用品真是太累了，得不偿失，于是，我果断停止了这种盲目的更换。其实，只要这些日常用品的生产企业不发生大的事故，就没有必要总是尝试新的东西。

对新奇的创意商品不再怀有好奇心，是实行极简生活的结果。偶尔会觉得自己已经淡泊到物欲几乎枯竭。如果说有什么东西能让我眼前一亮愿意尝试一下，那就是用有机成分制作的产品。在挑选每天用在身体上的产品时，即使付出更高的价格也要选择有机产品。之前有一段时间在国内买不到有机棉棒，我不怕麻烦地请人从海外代购。“卫生巾致癌风波”曝光之后，我挑选卫生巾的标准提高很多，不是得到认证的有机卫生巾产品都不会买。内衣也是一样，在遇到有机棉产品之后，就不再看别的产品了。虽然漂亮的设计和有趣的装饰也很吸引人，但绝对比不上外表简单但品质优秀的产品，我觉得可以用“单纯的优雅”来形容这些内衣。

我是在日本的伊势丹百货商店初遇有机棉产品的，从睡衣到内衣，各种款式的商品琳琅满目。我尘封了好久的物欲再次汹涌来袭，但是一套睡衣 50 万韩元的价格还是让我吃了一惊，默默地放下了。每个人给自己制定高品质标准的时候，不可能不考虑自己钱包的胖瘦。不差钱的话，可以只吃有机食品，全身上下只穿丝绸，可是现实情况并不允许，而且确实也不应该过度消费。但是贴身穿着的衣物，我还是愿意出更高的价钱买有机棉产品。

高品质的日常用品能让生活变得更加滋润——掏耳朵的时候、挤痘痘的时候或者将凡士林涂在棉棒上去除嘴唇角质的时候，细心地感受一下有机棉棒的质地和触感就知道了。当然，也可能是“有机”这个词带给人的安慰效应。

物有定处

放包有放包的位置，放衣服有放衣服的位置。这显然是非常好的习惯。下班回到家，如果书包随便往哪儿一扔，衣服胡乱地往哪儿一堆，那家里的氛围就离温馨和舒适相去甚远了。有道是，“在混沌中存在着秩序”[①]，人即使居住在脏乱差的房间里，也没有什么大的影响，但是会失去整洁利落带来的许多享受。

我在这方面做得很好，什么东西都放在固定的位置。看着大大小小的物品各就其位，我的心里会感觉到一种安定感。打开我的抽屉，里面清清爽爽，什么东西都非常宽松地排列在那里，不重叠着放在一起。这里放护照，那里放钱包，绝不会随意乱放，也不会歪歪扭扭地一扔了事。那种把什么东西都一股脑收进抽屉，乱哄哄地堆叠在一起的收纳方式我很不喜欢，虽然桌面上没有杂物，但抽屉里一团糟，这不是掩耳盗铃嘛！

我的生活很简朴，家里没有那么多东西，用完什么立刻放回原处的习惯，使我对家里什么东西放在哪里了如指掌。有一天，

① 语出美国作家凯文·凯利的《失控》。

我想让取用调料时更顺手更方便，就稍微调整了一下厨房物品的位置，把调料和上面格子里的筷子笼换了个地方。之后很长一段时间里，我都习惯性地去原来的位置上找调料。这件事让我对“习惯”有了新的认识。我一度认为记忆是暂时的，很快就会遗忘，没想到由于多次重复而形成的习惯，对我们的行为会产生这么大的影响。用大脑学会的游泳方法也许很快就会忘记，用身体学会的游泳方法却一辈子都记得。

我也不是天生就会收拾东西，而是通过较为系统的学习，意识到对享受一个人的单调生活的我来说，整理往往和人生的复杂问题交织在一起。特别是钱的问题。一屋子的杂物会让原本就不大的房子显得更小，我需要一个宽敞的房子，可是我无法满足自己的这个愿望。晚期斯多葛主义的代表人物哲学家塞涅卡说过：“贫穷不是拥有的少，而是想要的多。”拥有是一种快乐，这是不可否认的事实，有些东西的确会让生活变得美好，但是大部分的物品都只会把逼仄的空间和紧缩的存折余额作为礼物送给你。

看着那些经过深思熟虑才买回来的东西安安稳稳地坚守在各自的位置上，我觉得更珍惜它们了。下班回来后，用干布把鞋子内外都擦干净，让它们通风一晚上，第二天再放进鞋柜里。当我拥有 100 双鞋的时候，很难想象会对一双鞋子如此爱惜。拥有的东西少了，每一件都变得更为珍贵，会非常用心地打理它们。

减少不必要的东西，摒弃没有价值的贪心，拥有这样的生活方式，是我过往三十多年来做出的最好选择。我在头脑中描绘着一个温馨的画面：步入晚年的我，依然和这些在同一个位置上兢兢业业地发挥着作用的生活伴侣在一起，那时候，摆脱了物质带来的烦扰、以轻松的心情探索更广阔世界的我，会不会比记不起东西放在哪儿而吹胡子瞪眼的我更帅呢?

好习惯清单

生活中的小窍门

1．当小苏打遇上过碳酸钠

小苏打是非常大众的日用品，我在生活中也常常用到。最近我又听说了一种新的去污神器——过碳酸钠。初次见到它时，我就被它惊人的效果震撼到了，立刻改变了以往的去污方式。将小苏打和过碳酸钠以 1：2 的比例混合后，倒入热水配成溶液，能去除顽固污渍，用来清洗有茶锈的茶杯特别方便，甚至是油烟机的油污也可以轻松去掉。要注意的是，必须戴上口罩和橡胶手套，因为在这两种化学物质里倒入热水的时候，会立刻产生白色的蒸汽和泡沫，就像做化学实验一样。当然，如果戴上做实验用的护目镜，或者潜水时用的那种眼镜，保护一下眼睛是最好的。另外要注意开窗通风。

2. 新衣服一定要洗过再穿

有一次，我在《化学生活》这个节目中了解到，为了使新衣服保持笔挺平展的状态，商家会在衣料上使用刺激性很强的甲醛。虽说甲醛是以气体状态存在，过一段时间会慢慢挥发出去，但是一般情况下，我们买来的并不是在商场里挂了一些日子的衣服，而是密封在塑料包装袋里的新衣服。所以，新衣服买回家，一定要清洗之后再穿，特别是内衣和棉T恤。如果是羊毛面料等需要干洗的衣服，洗完挂几天之后再穿。

3. 通风透气的藤编篮子

日常我们要收纳的东西，从被子之类的纺织品，到陶瓷、金属、纸制品，再到护肤品、药品等，所需收纳盒的材质也不尽相同。纸箱子耐久性不足，塑料盒子透气性差。我最喜欢用藤条编织的篮子装东西，不仅可以营造具有异国风情的装饰效果，而且通风透气，不易受潮，用作收纳有很多优点，我一直在使用。

4．常去的洗衣店

搬到现在的房子之前，我经常在一家很小的个体店铺干洗衣服。有一次我取回衣服，发现大衣上原本摇头晃脑快要掉了的纽扣，都结结实实地缝好了。店主人的细心和体贴，让我觉得这是一家可以长期信任的洗衣店。后来我搬到了马路对面的另一个小区，但还是一直去他们家干洗衣服。虽然不知道这种个体干洗店是不是比干洗企业收费高,但店主人细心打理的衣服显然更干净，对衣服的损伤更小。每一次以老主顾的身份进入一家店铺时，都会感觉十分安心。

5．不要把冰箱填得太满

冰箱冷冻室和冷藏室里存放的食物不能装在黑色塑料袋里，因为即便是放在冷冻室，食物也会一点点地慢慢腐坏，所以不要装在看不见内容物的黑色塑料袋里，使用透明袋或者玻璃密封盒是最好的。如果冷冻室里食品减少了，把它们转移到小格子里会更省电。当然更重要的是吃多少买多少，不妨把冰箱吃得空空如也再去买菜吧。

6．洗毛巾时不要使用纤维柔软剂

毛巾的基本功能在于吸水，洗毛巾时加入纤维柔软剂的话，纤维的表面会像涂层一样附着上纤维柔软剂，就会一定程度地失去吸水功能，毛巾的寿命相应也会缩短。另外要注意的是，用过的湿毛巾不要跟衣服一起放在洗衣篮里，湿气会导致毛巾和衣服上的细菌大量繁殖，很不卫生，所以湿毛巾要和衣服分开放。

7．随时保持室内通风

只要不是严重的雾霾天，我就一定会给房间换气通风。有人说，使用煤气灶的时候要打开窗户，氧气含量不足的话会产生一氧化碳。用精油罐给室内增香，对肺也不好，狭小的房间尤其不适合，最好是在充分通风的空间里使用。在门窗紧闭的房间里睡觉，醒来后会觉得身体很不舒服。另外，通风不足还会让家里产生异味。所以，无论是寒冷的冬天，还是凉爽的空调屋，都不要忘了我们的身体更喜欢新鲜的空气，随时给房间换换气吧。

8．创造一个没有一次性用品的世界

在网上买菜总是会为一个严重的问题感到头疼——为了保鲜，或者为了打包方便，商家会用很多的塑料袋和塑料盒。每次

整理完后看着一大堆的一次性包装，都会不由得叹气：即使是可以回收再利用的材质，如果当初压根儿就不生产，对环境肯定会更好。只有将拒绝一次性用品的行为常态化，才能减少垃圾改善环境。偶尔会看到有人点外卖或打包回家，明明不需要一次性筷子和吸管，也还是把这些东西拿走了，既浪费资源又加剧了环境污染。有报道说，一次性筷子接触到热的东西可能会释放出有毒物质，对身体有害。如果可以，一次性筷子还是不要用了吧。

辑六 我需要鼓鼓的钱包

赚钱这件事不能停

钱还是需要算计着花

电费1530韩元。

有一天，我看到通过电子邮件发来的电费账单。“能这么少吗？”我有点不敢相信，又仔细地确认了一遍。这是我独自生活十多年来电费金额的最低纪录。有人开玩笑地问我是不是靠抓萤火虫照亮。

闲暇时间，我喜欢看书和看电影，对我来说，电视机完全没用。我把在家里摆设了五年的电视机搬回了妈妈家，在回来的路上，我给韩国电力公社打电话：“现在家里没有电视机，就不用交收视费了吧？”就这样，收视费从消费名录中消失了。我家每天用电的只有一个255升的冰箱，里面通常只装三分之一满。电饭锅仅在做饭时用。即使室内温度接近34摄氏度，我也不开空调，只用电风扇扇风。节约到这种程度，在一般人看来，可能已经不再是可怜我，而是担心我会死于中暑。

我的一位好友大概也是这样想的，因此，在我过生日的时候，作为礼物帮我在卧室里安了一个空调。这个空调就像吝啬鬼的黄花鱼一样挂在那里，只有在热得实在难受的时候才开一会儿，而且温度也调到很高。与其说我这么做是为了省电，不如说是为了保持好的状态而煞费苦心——比起酷热，我更担心患上空调病。

我的手养成了拔插头的习惯。早上手机闹钟一响，手就自动拔掉床边台灯和手机充电器的插头。我常有一种担心：在我无法照管的情况下万一起火了怎么办？每当这时，各种令人痛苦的想象就会接二连三地涌来，让我不由得生出十二分的警惕。外出时，我会拔掉家里所有可以拔掉的插头才能安心出门。我认为，我此时所感受到的不安，是有着积极意义的不安。虽然不安到什么也干不了确实是个问题，但是对感受到不安，并积极寻求办法预防不安的人来说，这种不安感反而让日子更有安全感。

对于火灾的过分警惕源于我 12 岁时的一次经历。有一天早上，姐姐吹头发的过程，临时去做别的事，就把开着的电吹风放在了书上，没想到她把电吹风忘得一干二净，急急忙忙地出门了。那天我比姐姐在家的时间长，等我发现的时候，电吹风正“嗞嗞”地冒着火花。我那时非常害怕，但还是第一时间把插头拔了下来，电吹风立刻停止了喷火，总算是有惊无险。当时尚年幼的我还不懂得发生电气火灾时不能泼水灭火，庆幸的是我碰巧做对了，我用拔掉插头的方式阻止了一场火灾。这一经历带给我的阴影，使我对因电引发火灾产生了巨大的恐惧。

是啊，不管出于什么原因，我最终还是成了一个用电吝啬鬼，如果有人叫我“节电特技人”，我愿意承认，而且也心安理得地接受。在奖金的劝诱之下，我甚至参加了“首尔市生态积分”的评比活动。自从参加以来，我没有一次不被选为获奖者的。节约到了这种程度，我已经被公认为半个节能专家了。也许是为了继续得到“节能市民”的表彰，也许是为了安抚我的不安，今天，我也是一睁开眼睛就拔掉了插头。

每一天的清晨，我都是从没有任何浪漫气质的安全保障行动开始的，虽然未免过于无趣，但我的一天只能从拔掉插头开始。

独居是与金钱的斗争

我一个人生活，但我不是独身主义和不婚主义者，只是在不知不觉中和结婚渐行渐远了。现在，除了反对“不结婚也是一种选择”的父母大人，问我“为什么不结婚”这种侵犯私人领域问题的人几乎没有了，因为他们都结婚了。看起来有人关心我“婚不婚”也是一件奢侈的事呢——大家都在忙着育儿。

我有一位朋友，因为找不到结婚对象患上了抑郁症，而且饱受这种病的折磨。她的经历让我再一次深刻体会到，原来结婚制度可以重要到足以全盘撼动某些人的生活基石。除了像这般心生感慨的瞬间，对我来说，婚姻生活不过是想象中的遥远世界，我此刻身处的现实生活更为重要。独居生活，比对抗孤独更难的是与金钱的斗争。在现在快节奏的社会中生活，钱是绝对的必需品，如果想一辈子单身，最基本的安全保障就是钱。

单身的人如果遭遇生病或失业，没有人会为他的生计负责。在韩国，由于没有生育或没能生育的原因，独居者须向国家缴纳更多的税金。大部分独居者都希望通过多消费，在年末清算时，能拿回一点返还的税金。从公司得到的福利大部分也被限定为有子女者或已婚者。申购公寓的情况也是一样，单身汉几乎没有机会。可以说单身人士是社会的弱势群体，但是偏偏谁都不会觉得这群人可怜。当然，因为不断有人担心“孤独死”，这种声音渐渐被社会听到时，单身人群也会受到一点同情。虽然现实就是这么凄凉，但确实如此，没有人为单身者的人生负责。

如果是低收入的单身者，问题就更严重了。通过《女性贫困》这本书，我们可以将日本女性经历过的生活忧虑代入韩国社会。在这本书里，有一个词让我印象深刻，叫作“穷充”，这个词是指那些非常贫穷，但每天都过得充实愉快的人。他们也许只能吃晒干的蔬菜皮，或者自己在阳台上种点菜吃，过着艰辛而清苦的生活，然而他们的心态是非常积极乐观的。贫穷本身不可能幸福，但可以表现出精神胜利的姿态。有钱却简朴，和真正的贫苦有着很大的区别——没钱意味着总是生活在对钱的担忧中。在没吃没喝，交不起公共费用的情况下，人是不可能笑出来的。

刚步入社会的时候，在我眼里，钱不过是“浪费完了再赚”的东西，自信自己以后赚钱的机会多的是。逐步迈入中年之后，我时常问自己，像这样有稳定收入的日子能维持到什么时候？当我开始为晚年的生活做点打算的时候，我发现，把现在确定可以赚到的钱分成各种各样的名目进行管理变得越来越重要。在我过往的生活中，花钱大手大脚的日子比勤俭节约的日子多得多，也没有坚持用家庭账簿管理支出。过去的一年里，我从“女人只要有准备嫁妆的钱就行了”的洗脑式说法中摆脱出来，直面可能一直独居下去的现实。关于金钱，进行了深入的思考。

我没有做家庭账簿，但我做了资产管理表。虽说用上了“资产”这么一个宏大的词，其实只是一张一眼就能看到底的家庭经济状况表。用一棵树来比喻的话，这张表格整理了作为树根的资产和作为树枝的资产。

现在我将收入的一半存起来作为资产的“树根”。我住在自己的房子里，没有搬家的烦恼，也不用看房东的眼色，到晚年还可以申请住宅年金①，房子带给我足够的稳定感。我曾经算过一笔账，假设不买房子，一辈子交房租过日子，算下来，房租钱会超过买房子的钱。出于种种考虑，我买了一套小房子，跟投资房地产毫无关系，纯粹是为了住。虽然我非常不喜欢负债，但自己手里的钱不足以付清房款，只能申请了银行贷款，每个月都按时拿出一半的收入偿还贷款。虽然负债算不上什么好事，但以向银

① 住宅年金：韩国的住宅年金制度是申领者将自有的住宅抵押给住宅金融公社，领取相应的养老金。

行借贷的方式买了房子，让我更有计划地管理和使用手里的钱，对我来说也不能算坏事。

资产管理表上有一些相当于“树枝”的项目，包括应急储备金、保险、年金、退休金等，这些钱主要是为了应对未来可能遭遇的危机。每个月我都会储蓄一定的金额，用于充实“树枝”。等到住房贷款还完，我还计划发力多攒点养老金。

接下来整理每月的固定支出、税金、伙食费和杂费等，每到发薪日，结算上个月的费用。如果说作家庭账簿是为了检视支出，那么我的资产管理表起到了管理现金流量、确认资产增长的作用。每天记录家庭支出相当累人，一项一项地盯着自己的消费有种遏制需求的感觉。我想，我已经把一半的收入储蓄到了房子里，如果用于未来生活的钱也都存好了，那么剩下的钱作为一个月的生活费，花在预算之内的哪一方面就可以随心所欲了。

“由俭入奢易，由奢返俭难。”这句话真对。生活水平一旦提高，就很难轻易下降。有一条爱马仕的围巾是理所当然的，出去旅行还是要住高档酒店，我过去的某些消费习惯还在。虽说改变观念是很难的事，但当我感受到了独居生活的危机后，所有的消费都要以最赚不到钱的时候为基准。即使资产增加了，还是要以朴素的生活为主，得多存点钱应对可能出现的收入中断和生病。

一想到人老了以后，这两件事会同时而来，去世以后还有丧葬费的支出，我就更加积极地规划自己的人生预算。比起记录零用钱去向的家庭账簿，更需要能预测未来生活的资产管理表，因为我不想给别人添麻烦，想很有尊严地走完人生。

这么想来，经济独立不是选择，而是必须。这是我对金钱进行了炽热的思考之后得出的结论。

不为钱发愁才是真正的奢侈

“你的‘马通’利息有多少？”

一位好朋友这样问我，我想了半天才想起来“马通”是什么。“马通”是“负数”和“存折”两个单词的缩略语，也可以叫“负账户”，在一定的额度内，可以随时获得贷款，是一种类似信用卡的东西。我没开设过“马通”账户，至于“马通”和普通信用卡有什么区别，我也是上网搜索之后才明白了一点——在“先消费后还款”的模式上，“马通”与信用卡没有什么不同，但“马通”似乎在固定额度内借款和还款都更方便。和朋友们出去玩或者购物时，我通常用超过 5 万韩元就可以无息分期的信用卡分期付款，在生活费范围内的消费使用储蓄卡支付，这是我一贯的原则，因而对我来说，我不太习惯使用“欠账”的消费方式。

我这么说，听起来好像一开始就跟分期付款生活相去甚远似的，但事实上，我曾经是一个购物狂，如果把那时候的我叫过来，真是有十张嘴也无话可说。我现在头东西不会选择分期付款，原因是分期付款会让下个月的生活费预算制定变得非常麻烦，但更大的问题是分期付款的本质只是分期，并不能少付——价格昂贵的东西，分期付款的话会感觉很便宜，即便这个月再分期付款买一个大件，本月所负担的金额也还不足其中一件商品的价格，表面上看是毫无压力的。但是，长此以往，不知不觉间分期付款的金额会像滚雪球一样不断增加，每个月都会为还款提心吊胆。

不管赚多赚少，不为钱而发愁才是真正的奢侈。虽然赚的比花的多是最理想的，但是人们往往赚得越多花得越多，这种奇怪的消费行为，使得赚得少也花得少的人往往比高收入者更从容。当然，收入不同的人享受到的生活品质也会有所不同。所以首先还是应该多赚钱，但如果实在太累，那就培养自己不乱买东西的自制力。

我曾经在一则新闻评论中读到一个故事，说有人为了能有充裕的时间享受生活，在工作上投入的时间和精力很少，只要能赚到自己的生活费就行了。当时，我的第一反应是能做出这种“城市传说”般选择的人并不多见。对绝大多数的普通人来说，工作的时长往往并不掌握在自己手中：自由职业者会担心拒绝一桩生意的同时，下一桩生意也跟着泡汤；上班族原本就是拿时间兑换年薪的人，很多时候根本就没有选择的余地。赚钱那么辛苦，许多人都是把大量的时间倾注在赚钱上，而花钱不过是瞬息之间。

我现在的消费理念是非常看重性价比的，但是之前有过一段时间，我的生活中充斥着奢侈品。但凡是有工作能赚钱的人，都会为买一两个欧洲产的名牌产品而拼命，坐在地铁里也能看到各式各样的名牌包。那时，我也是她们中的一员，而且高举着“即使租房子住，也要买名牌包”的非理性消费观的大旗。虽然有点疯狂，但那时的确是这么过的，分期付款购买了许多东西，刷卡刷到近乎疯狂。

作为一个收入一般的普通人，我如此热衷于买名牌，其实不是因为名牌产品的设计有多么时尚，多么漂亮，而是不喜欢自己看起来很寒酸的样子。从学生时代起就是这样，总是希望被衣着华丽的同组成员们认可。可是那些曾经热衷于收集新产品信息的朋友都已经结婚，很久不联系了，而我，为了维护那一刹那的关系花了很多钱。我到现在才明白，那时候之所以要打扮得华丽一些，其实是为了掩盖自己内心的不笃定。人的自信心来源于可以倚仗、依靠的事情，在现在消费主义的思想之下，想拥有一个余额充实的存折，并从中得到坚实的笃定感，几乎是不可能的。

不知从什么时候开始，人们在消费名牌的观念上发生了很大变化，变得质朴和单纯了，拿着 Logo 很显眼的名牌包反而觉得不好意思了。我的想法也跟以前不一样了，现在我觉得买数十万韩元的衣服很浪费，很多时尚品牌的衣服也都很不错，材质和设计都很好。现在我更加要注意的，不是不要买名牌，而是不要买便宜货。面对不用考虑分期付款的廉价商品，被商家天花乱坠的广告一刺激，好像真的就是“亏本清仓跳楼价，买到就是赚到”一样，很容易冲动消费。我敢断言，买这样的东西相当于花钱买来垃圾，再装进花钱买来的垃圾袋里，然后一起扔掉。

作为一个总是为钱忧心的人，我觉得，如果不是生活必需，而仅仅是为了炫耀买那些价格昂贵的东西,或者是因为觉得好玩，买那些用了一次就扔掉的东西，都非常可惜。一想到我为了赚那笔钱受了多少苦，哪怕是十块钱我都不想随便花。因此，朋友们追捧的“马通”，还有信用卡提供的那些所谓的生活服务，都是我生活中所没有的词。

避免在琐事上费神的好方法

十五年来，我一直经营着一个博客，主题先后发生过几次变化，最近我在以“生活信息”和“极简生活”为主题持续发帖。以前我住在别墅小区，除了我家，别人家的邮筒里都密密麻麻地插着各种公共费用缴费通知单信件。看到这种情况，我以只有我家没有通知单信件为切入点，在网上发了一则类似倡议书的帖子，鼓励人们通过自动转账功能缴费，并使用电子邮件来接收通知。很快就有人留言说：“还有很多人觉得纸质通知书更方便，不要把电子邮件通知当成更优越的东西。”是啊，很显然，电子邮件仍然是很多人日常生活中难以使用的技术。

虽然被一些指责的话影响了心情，但转念一想：我觉得方便的东西，对别人来说有可能并不方便，立刻就释然了。模拟技术也好，数字化也罢，不能说毫无缺点，但是对经常收到公共费用、通信费用、税金等各种电子账单，以及习惯于通过自动转账缴费的我来说，数码技术和自动化系统比起纸质通知，有着压倒性的优势。用电子邮件接收通知，不光缴费时会有一点小小的折扣优惠，单就无须保管纸质发票这一大优点，就足以让我省心许多。即使我忙于其他事情，忘了看账单，自动化系统也会认真工作——我不必老是在心里惦记着缴费日，也不用担心滞纳，省时省力，自动转账功能根本找不到缺点嘛！如果会使用有留言功能的电脑，千万不要嫌麻烦，一定要申请接收电子账单。另外，电子账单无须人工配送、投递，可以节约燃料，减少碳排放量，而且可以大幅节约纸张，也没有废弃的费用，顺便保护了环境，优点这么多，何乐而不为呢？

虽然生活中有很多事情是每个月或者每年都重复做的，但奇怪的是，有时候就是很难记住，比如某种纪念日之类。我认为，凡是需要启用超常的记忆力才能记住的事情，往往都是以极大的关心和爱为前提的。有的人会在日历上标出纪念日，有的人则不这么做，我就是后面这一种类型。如果不是非常亲近的关系，我不会那么在意，要求自己一定要记得某个日子。但如果是和我缘分很深的人，在他（她）意义非凡的日子里，向对方说一句饱含爱意的话反而让我觉得更加温暖。所以，这样的日子最好还是不要忘记，在日历上标记下来提醒自己是很重要的。

如果不是标在台历上，而是在手机的日历上标记纪念日，在

“反复”功能中选择“每年”选项，那么每一年的日历上都会固定地标记着这个日子。现在，我可以从记不住某人生日的迷糊中完全摆脱出来，每年都按时送上一句“生日快乐”——自动化系统的好处还体现在此啊。

有些事情当时看起来可能不重要，但用心做好的话，会给以后的某个时候提供很大的方便。比如搬家到比较远的地方时，如果能提前拿到之前的牙科诊疗记录，就很容易在下一家医院继续接受治疗。即便没有立即治疗的打算，掌握之前的诊疗记录也是很有必要的。如果某一天新的牙医突然需要查看诊疗记录，之前细心保存的文件就可以派上用场，不必翻山越岭回到原来的医院去询问查找，避免浪费时间和金钱。诊疗记录也可以扫描后保存成数字文件，用的时候随时可以打印出来，不会像纸质文件一样容易丢失或损坏，方便而且高效。

运用数字技术，可以让我们的生活更轻松、更方便，还可以节省时间，减少不必要的浪费。像缴费这类经常要做又非常琐碎的事情，很容易无意中错过时间，所以特别重要的那些一定要放在辅助记忆设备上。把烦琐的事务交给自动化系统去处理，节省出来的时间可以用在激发生活感悟的工作上，真好！

好习惯清单

赚得不多就少花点

1. 赚钱这件事不能停

改变职业方向需要一笔巨大的费用。首先，掌握一门新技术需要投入一定的培训费自不必说，在无法工作期间，日常的开销还得继续。其次，从零经验开始的新工作，通常报酬也比较少，收入不稳定的日子会持续较长的时间。如果无须考虑生活费，冒险改行也是可以的，但是在经济不稳定的情况下，最好是一边工作赚钱，一边做改行的准备。全部收入都来源于劳动所得的人，绝不能停止工作。从收入中断的那一刻起，贫困就会来临，而贫困往往就是绝望的另一个名字。

2. 需要一家主要交易银行

所有的理财教程都建议我们，选择一家银行作为长期往来的主要银行是很有必要的。一般来说，可以将工资汇入的银行或获得购房贷款的银行作为主要交易银行。选择主要交易银行的目的是得到免除手续费、降低贷款利率、增加存款利率等优惠。我也把给所有账户自动转账的功能放在得到购房贷款的那家银行了。除了使用存着生活费的借记卡，我还申请了一张信用卡，存款和借款都在同一家银行进行。我觉得，设置主要交易银行最大的优点是可以更方便地了解自己的资产状况。登录银行的 APP，就可以一目了然地看到我所拥有的全部财产，每当这时，就能体会到松鼠收集橡子的那种心情。

3. 整顿银行账户有助于攒钱

总会有一些银行卡处于休眠状态，这样的账户不要放在那里不闻不问，即使麻烦也要及时去银行进行销户。一方面原因是休眠账户可能会被盗用，更主要的是，我认为哪张卡不用了就应该销户。每次销户都能取出一点现金，从几十到几千韩元不等。没想到的是，有一次我在整理账户的时候竟然发现了一笔比较大的钱，是一笔解约保险金，当时我并不知道有这么一笔钱存在，是我在网站上查看保险金账户时偶然发现的。当天我就去承保的那家公司申请了提现。我认为，把散落于那些半废弃账户里的钱都稳妥地收回来，是对待金钱的正确态度。

4．每周固定一两天不要花钱

最近一段时间以来，我每周都会有三四天，从早到晚一次卡也没刷。并不是为了节约故意不刷卡，而是因为我一整天没花钱。每天早晚两餐我在家里吃，午饭吃自带的盒饭，除了买菜，我很少在吃上额外花钱。生活用品一般会在固定的日子买，所以不买生活用品的日子常常一分钱也不花。我的生活习惯决定了我不会每天都花钱，但据我所知，有不少人是每天都会消费的。如果你也是这样，如果你也想改掉每天花钱的习惯，不妨试试每周固定一天或者两天不买任何东西，这应该是改变消费习惯的好方法。

5．使用地铁月票

我不是土生土长的首尔人，而且到目前为止还没有汽车，所以每天出行主要是乘坐地铁，地铁月票也成了我使用时间最长的城市服务了。首尔的地铁月票是 55000 韩元（随着物价上涨，每年呈上升趋势）一张，市内任何线路都可以乘坐，每个月最多可以坐60次，没有额外收费。但是地铁月票不支持换乘，所以更适合住在地铁站周边区域不需要换乘的人。每天我都使用地铁月票出行，每月的交通费都是固定的，这一点也令我比较满意。

6．不喝咖啡

读到这里，你一定会觉得我是一个没有大众嗜好的人，不光烟酒不沾，咖啡也不喝。没有特别嗜好的东西，也就没有嗜好品方面的消费。自从我决定不吃精制糖开始，买甜品的钱也省下了。在吃的方面，我已经从成瘾的嗜好中完全摆脱出来了。对有某种重度嗜好的人来说，找到戒除的办法是很好的，不但能省钱，还有助于保持健康，因为让人成瘾的食物中没有一个是有益健康的。

7．拒绝会员优惠的诱惑

如果你经常去某个商场购物，你在那家商场的会员等级就会越来越高，得到的会员优惠也就越来越多。看上去好像打了更多折扣得到不少实惠，但实际上，这种优惠越多，意味着你支付的金额也越大。会员优惠这种促销手段，会让你比预算多花很多钱。为什么这么说呢？因为拿到了优惠券，你有可能买了之前压根儿就不打算买的东西，或者为了凑足优惠券上的满减金额，享受更多折扣，东拼西凑地多买了好几件预算的东西。虽然我也偶尔会为这样那样的优惠活动而动心，但我深刻地意识到：优惠券这种东西，只要你愿意领总是有的，不必为错过什么折扣或赠品而可惜。所以，购物时不要考虑优惠券的问题，只买需要的东西。

8．保持存款和保险之间的平衡

我是个远离理财的人。虽然我的经济状况需要我总是谨慎地保持理性消费，但如果让我去投资那种能产生几倍收益的理财产品，额外赚点钱，我是不会做的，因为胆子小，担心会损失本金。我觉得炒股能赚到钱的朋友们很了不起，但我不会贪图这么大的投入产出比，我只要能得到与物价上涨率持平的利息就满足了。另一方面，我认为保险只是用来抵御风险的，不是存款，因此，我没有更换和补充保险品种，一直在交着20岁出头时买的那些。我的保险费已经交了很多年，所以我生病的时候，保险公司只是履行一些常规的手续，并没有做特别详细的调查，很快就给我赔付了。总而言之，用存款保障未来生活的开销，用保险抵御不期而至的风险，两者保持平衡就好。

9. 降低手机通信费

手机通信费我选择的是最便宜的套餐。在话费上我没有精打细算，因为入网时间很长了，通信公司给的优惠也不少，换成别的套餐也不会有更大的福利。现在，人们的通信费主要取决于数据流量的使用费，而不是通话费。即便用最便宜的套餐，我也不会觉得不方便，我们工作和生活的环境中随处都有 Wi-Fi，上下班的路上，我在地铁里通常是读书，所以并不需要太多的数据流量。偶尔流量不够用，我会在网上买一些低价的流量包来补充不足，买一次差不多就够一年了。当然，最重要的是我不会选择分期付款买手机，分期付款不但会产生利息，同时还会被强制要求在一两年或者更长时间内使用很贵的话费套餐，不能更换。果然是这样啊，不管是买什么，分期付款都没什么好处。

10. 管理好自己的身份信息和信用等级

因为名字被盗用而导致自己承受不良的后果确实是一件令人头疼的事。在“www.msafer.or.kr”网站上，可以查询到自己的身份是否被盗用，也可以设置一些功能限制，防止有人冒名开通手机号码从事诈骗活动等，还可以开通短信服务，以便在第一时间发现自己身份被盗。生活中偶尔会需要查看或提交自己在银行的征信报告。确认信用等级的服务有很多种，人们可以自由选择自己喜欢的服务。其实，确认信用等级并没有什么意义，保持自己的信用等级不下降才是更重要的，因为可以享受更多的贷款利率优惠。所以，要避免那些影响信用等级的做法，不要盲目地申请信用卡，不从“第二金融圈”[①] 获取贷款等。

① 在韩国，除了银行，保险、证券、信托、投资等金融公司被称为“第二金融圈”。

辑七

『八小时以外』的生活是存在的

工作和生活的平衡度

下班后的生活

前段时间，我感到身体有些虚弱，就想调整一下工作和生活的节奏，减少工作时间，增加休息时间。我转到了与以往不同的工作岗位，年薪降低了，但是万万没想到，熬夜加班却成了家常便饭。公司的制度简直离谱，就是让一个人干两个人的活，而我天性当中那该死的踏实劲此时又爆发了，没有办法，只能一直咬紧牙关坚持工作。在这家公司，我觉得像是遭遇了就业欺诈一样，每天都非常忙碌和疲惫，连准备离职的时间都没有。我的生活中除了工作，什么都没有。有好几次，我们通宵加班，凌晨时我不知不觉睡着了，醒来时看到平时总是压榨我的上司正瞪着眼睛在工作——我们都陷入了工作的深渊。

多丽丝·德里导演的电影《无人爱我》中，主人公凡妮说：“女人 30 岁以后遇到男人的概率比被核弹击中的概率还低。”所以她在 29 岁那一年努力地寻找爱情。电影并不是单纯地讲述寻找爱情，而是深入地剖析了被边缘化的大龄女性的内心。电影中有一句台词："想找到与我心心相印的什么东西，几乎是不可能的事情。"对此我产生了强烈的共鸣，联想到自己，在退休之前想遇到一家可以愉快工作的公司，就像寻找人生伴侣一样困难。

这十多年来，我先后在六家公司工作过，这六家公司各自拥有不同的企业文化。以我这肤浅的工作经历为基础，我确立了适合自己的公司的标准——不拿一个人当两个人使唤，上司不会突然把工作扔过来还要求立刻完成，不会如跑马拉松一般开那种毫无生产力的会议，不会用晚上聚餐代替午间聚餐还强行劝酒等。如果这些方面都符合，那么最近职场人所深切关注的"下班后的生活"还是有望实现的。大家为了同一个目标兴致勃勃地工作一天后准时下班，回到家里轻轻松松地休息，给自己"充好电"，第二天重新以最佳状态投入工作。我相信这种良性循环，就是所谓"工作与生活的平衡"。

但是偶尔也会有因为自己过度的上进心而打破这种平衡的时候，因为心中对取得成果和被人认可充满了渴望。我担任宣传负责人比当记者的时间更长，25—30 岁那几年，我一门心思地想同时完成好几个客户的项目，以优异的案例创造出属于自己的职业传奇。那时候，我每天熬夜到凌晨，埋头于各个项目的文案创作。比我更痴迷于工作的搭档凌晨时发来的文案我不是很满意，我会鼓励自己要更加努力工作——我已经是半个疯子了。

如果只是客观地看待结果，我就是一只在井里尽职尽责认真工作的青蛙，而且是一只绝对不会耍小聪明、性格冷漠、没有时间观察周围情况的青蛙。

现在想来，要是那时候我能少一点欲望，好好控制内心的焦虑，我一定能以更愉快的心情学到很多东西。有一次，一位上司面向我把双手立在脸的两侧，挡住眼角说："你就是一只目光只能看这么远的野鸡，野鸡！"她猝不及防地说出"野鸡"这个词，我一时间还没反应过来愣了半天。不过现在，我终于明白她到底在说什么了——说我每天只是纠缠在眼前的分内工作里，不愿意看向更宽更远的地方。在那个逼仄局促的世界里，内心紧张、压力重重的我也意识到要跳出井外，多看看外面多姿多彩的世界，才能有更好的创意，用不同于以往的崭新视角来看待经历的事情。我让自己理解，长时间地盯在工作本身上，并不能取得成果。

每天准时而明确地打开和关闭工作的"开关"，这是我最近调整自己心态的方法。回到家里就不再担心工作的事情，以一种完全忘却的状态安心地享受着下班后的时光，而且努力不让自己在工作中掺杂个人感情。我在上一家公司认识的一位朋友对我说，她已经快要成为人工智能机器人了，一台没有任何感情的工作机器。我们之所以会变成人工智能机器人，是因为我们把自己和工作视为了一体。在听到别人评价我的工作时，常常会觉得这是他们对我整个人的评价。

工作是工作，我是我，这两者不能没有边界。工作是我能做到的事情中的一部分，让我偶尔体会到成就感和我在这世间存在的价值，但是不能把工作当成我。我在公司上班，拥有一张名片和令人略微心安的归属感，以勤勉的工作维持生计，但即便这一切都消失了，我仍然存在。

捷克作家博胡米尔·赫拉巴尔的小说《过于喧嚣的孤独》，诗意地讲述了在废纸回收站工作了三十五年的打包工汉嘉的故事，他每天用压力机碾碎各种书籍，但是又把珍贵的图书从废纸堆中拣出来藏在家里，抱在胸口；他狂饮啤酒，但是又像“嘬糖果似的嘬着”那些“美丽的词句”。但是新型压力机的到来使汉嘉离开了原来的工作岗位，这意味着他无法再继续读书，对他而言，无法读书就让生活失去了方向，如同行尸走肉，他宁愿去死。汉嘉身不由己地被裹入了时代的洪流，无处可逃。最终，他说服了自己，选择用将自己打包进废纸包的方式同这个时代、这个世界以及自己和解，乘着书籍飞向天堂。汉嘉就是把自己和工作融为浑然一体的典型代表，他最终所做的选择，也成了他人生的意义。

做生活中的“多面手”

我最近几天在公司负责制作与品牌相关的下一季度的策划案，几周以后，我要在一家图书馆做一场关于广告宣传的职业演讲，这个周末要准备资料；接下来，我还会以时尚文化史、极简生活、SNS 以及个人品牌的打造等多种主题，分别在百货文化中心、图书馆和大学讲一节专题课；外部单位或朋友委托我写的稿子我会抽空写……除了公司的工作，其余这些都是不定期要做的事情，但是只要做好时间管理，还是可以顺利完成。

村上春树已经是非常成功的小说家，但他同时还在经营着一家叫“彼得猫”的爵士酒吧。据说，他这么做是为了不让自己脱离平凡的日常生活，低调地隐藏自己的小说家身份。作为一名上班族，我的目标是找到一份可以终身从事的职业，而不是一时的工作。基于这样的想法，我从村上春树的做法中受到了意想不到的启发——如果同时从事多种职业，就不会觉得不安。即使村上春树的下一部小说没有取得预期的成功，也还有酒吧的收入，这种稳定感足以支持他安心地继续写作；反过来，即使他的酒吧倒闭了，小说家这个职业也会让他衣食无忧。

当我们觉得人生处处都是障壁，没有“紧急出口”，觉得未来很难取得更大的进步时，难免会陷入迷茫、焦虑，无所适从。被生活掐住脖子是如此令人窒息和窘迫，为了避免陷入这样的困境，我们要未雨绸缪，在每一天按部就班地做好自己的本职工作时，不妨尝试着挑战一些新领域，学习一些新技能，最好是保持各项工作之间有一定的独立性。收入来源的多元化，自然会给人更多应对危机的渠道，相信自己随时都有能力开启一扇新的大门，会让人产生更大的安全感。重要的是，不要只在头脑中畅想描绘，而让这样的理念变成我们实实在在的行动，这将是我们坚定自信心的源泉。

如果你在某一领域内水平足够高，无所畏惧，那么当新的机会出现时，你就有能力牢牢抓住，内心产生无论如何都要完成工作的动力。以你现在的能力，只要开始就行了，即使准备得不够充分也没关系。即便遭遇到巨大的困难，最终失败了，也不会一无所获，至少可以从中汲取到很多的经验和教训，当然，你可能还有机会修正之前工作中的错误。但倘若你对未知领域充满恐惧，琢磨来琢磨去，畏首畏尾地不敢开始，继而得出“不行”的结论，最终放弃机会，那就太可惜了。这样的情况其实更糟糕。

准备不充分的开始也比连尝试都不敢要好得多。

同时推进多项业务时，最重要的是“时间管理”。在希腊语中，“时间”被阐述为两个概念：对任何人来说都一样多的时间量“柯罗诺斯”，和意味着个人感受的时间“凯洛斯”。快乐的时光总是过得飞快，这样的时间就是用“凯洛斯”计算的；而工作的时间，就是按固定量“柯罗诺斯”度过的。

管理时间最经典的工具是“富兰克林金字塔”，但是在所有的时间管理权威者提出的方案框架内，都需要极大的自律性。最近，我使用“Google Keep”① 服务体验感相当好。“Google Keep”有格子盒的功能：已经完成的工作可以画线标识；有了好的创意也可以第一时间记录下来；如果给文件分门别类地贴上标签，同一标签下的文件就会被集中在一起，可以一次性地查找阅读：备忘录里可以存储照片，还可以画画……总之，使用起来非常方便，效率很高，而且，所有的苹果终端机都可以用 iCloud 账号相互连接，同步备忘录。所以不管我手里正在使用的是什么终端机，我都可以随时随地用“Google Keep”记下我的工作、思考、灵感以及脑海中闪现的句子。

① Google Keep：谷歌官方发布的一款云笔记应用，可以创建文章、图片、语音笔记，并上传到云端进行保存，并随时登录查看。

在下班前打开“Google Keep”，制作一张明日工作检查表，把明天要做的事情依据截止日期和重要程度排序，并把每项工作预计所需的时间填写进去，做到心中有数。下班之前做一张简单的工作检查表，是我每日工作的必要流程，也是一天工作的收尾。直到这时，我才终于可以安心回家，把工作的开关切换到关闭模式。第二天上班，重新打开我的工作开关，按照既定的顺序依次处理各项业务，几乎不会耽误时间。但如果突然接到新的工作任务，我会在确认好截止日期后制作一张新的备忘录，贴在工位最醒目的地方,并且在上面别一个别针或卡子作为着重提醒的标识。等手头所有重要的工作都完成后，再重新安排时间。

“Google Keep”最上端的备忘录可以分别以 1 个月或 3~6 个月为单位，记录待完成的各项事宜。比起用来制作“项目推进路线图”的那些软件，“Google Keep”没有格式上的要求，可以用自己习惯的方式和语言随心所欲地记录，又简便又高效，能帮助我没有任何错漏地完成各项业务的全部流程。

当然，仅仅做好自己的时间管理是不够的，得整个团队都这样做才行，因为很多工作都是一个团队共同在做。在长期的工作实践中，我越来越意识到项目负责人在统筹协调团队所有成员的时间方面发挥着极其重要的作用，只有每个人都能按时、保质保量地完成自己负责的那部分工作，大家才能早点下班，团队才能取得更好的成绩。在这一点上我真是感受颇深啊！但是，如果时间紧迫，还要求员工拿出优质的工作成果，这时，我就会在心里暗暗吐槽“这就有点过分了”呢！

想像青花鱼一样工作后下线

在我的性格特点中，我最不喜欢的有两个方面：一是急躁的性格，二是极端的想象。一般来说，把自己的某个特点视为缺点，原因不外乎是这个特点对自己没什么好处。但是，任何事情都有两面性，我不喜欢的这两个性格特点在工作上也可能会对我有所帮助。

急性子的我总是非常迅速地处理工作，从不拖延。我的工作任务主要是策划和沟通，每天会有很多细碎的工作要处理。收到与业务相关的电子邮件后，我会在第一时间查看，确认要接收的是不是该邮件，并且立刻在头脑中以重要性为序进行分类，筛选出那些重要且紧急的业务迅速向决策者报告。但是上司常常把报告放在那里好几天不置可否，我得不到反馈，无法推进工作，总觉得有什么东西堵在心里憋闷得很。此时的我，就像一条刚钓上来的青花鱼，因为受不了自己的急脾气快要窒息了。

不管是通过电子邮件，还是通过公司内部的聊天软件，我接到业务信息后，都会立刻回复对方；不能马上解决的问题，也会告知对方最晚什么时候答复。回复完之后，我会给邮件贴上相应的标签，做好分类便于日后查找；不必要的广告邮件会立即删除，这样做虽说只是举手之劳，但是可以让我的电子邮箱保持清爽利落，不会杂乱无章。另外，我也会经常删除邮箱和电脑里没用的文件，清空回收站，防止电脑速度变慢。在我看来，电脑变慢或染上病毒，无异于木匠的工具生锈。电脑是我最亲密的工作伙伴，只有日常做好维护，它干起活来才会干净利落。

在工作中，我与自己“约法三章”，其中有一条就是不让团队伙伴和对方负责人等我。没有什么工作是一个人可以完成的，公司当然是以小组为单位做项目。即便是自由职业者，也必须为委托人和客户着想。所以，人们经常说：网线外面也是有人的。我珍视自己的时间，也认为别人的时间同样珍贵。对于工作伙伴的关照，除了时间管理，我还每天都叮嘱大家要及时回信息，共享工作进度。当某人工作不顺利时，我不只提供心理安慰，还尽量给出一些解决的方案。

我这条青花鱼最擅长的就是怀着“先做一下试试看”的心态，在没有经过深思熟虑时，就开始构建基本框架。即使没有具体的指示，我也会收集很多案例，提出自己的想法，以自己的逻辑撰写策划方案。我认为，开始做很重要，在不断推进的过程中去调整方向，应对可能出现的各种困难。是啊！性急如我，真可谓是一条不折不扣的青花鱼了——急性子会成为工作的推动力。

性格急躁，被我谦虚地说成缺点，又巧妙地说成优点，但其实由于急躁而失去的真的很多。首先是我会误认为别人也会按照我的速度工作。“怎么到现在还没回复！”我腹诽着。左等右等得不到回复的时候，我就会在头脑中产生极端的想象，各种假设繁杂纷飞，把我的心烤得焦黑。虽然我深刻地认识到这是一种很不好的习惯，也已经在工作中时时刻刻地提醒自己放松下来，不要着急，不要做无谓的假设，但是想达到“爱怎么着就怎么着”的旁观者心态还是很不容易的。

虽然我从不拖延，总是非常快速地处理业务，而且精于日程管理，但还是将加班变成了一年到头的例行活动。没有一点空闲时间、从早到晚以两倍速工作的我，可能放电也是按两倍速进行的吧？具体的表现就是从离开公司的那一刻开始，我就进入了默然修行的状态。疲惫的我什么话也不想说，工作中已经用太多的语言消耗了大量精力。虽然很多人喜欢通过闲聊释放工作中产生的不良情绪，但是我下班以后完全不想再讨论和思考工作上的事，所以，如果不是非常紧急的情况，我不想接收任何跟工作有关的信息。

有几位上司和工作伙伴，常常在休息日或者下班后通过手机聊天工具联系我，讨论一些在上班时间内也能轻松做完的工作。虽然一番短暂的对话对休息日也处于工作状态的他们来说是一件无所谓的事情，但是对被联络的我来说，要将正在充电、补充能量的大脑重新调整到工作模式，会让我觉得非常可怕。我被预约为 24 小时工作了吗?

2017 年，法国通过了一项法案，禁止通过包括电子邮件在内的电话、聊天软件等方式进行业务联系，赋予劳动者下班后“断网”的权利。为了真正实现工作和生活的平衡，我想要享受这种不被联系的权利。如果按照工作和生活平衡的宗旨，实行每周 52 小时工作制，那么必须实行工作时间外禁止业务联系的法案。

——青花鱼女士下线啦!

对不起，此刻是飞行模式

不久前，我在出差回来的飞机上翻看了一本杂志，读了一篇关于小说家雷蒙德·卡佛的特辑，他被评价为极简主义作家。他在文章中说："我的原则是准确地说出想说的话，除此之外，什么都不说。"这句话给我留下了非常深刻的印象，觉得应该效仿这位作家，把这一原则当作职场生活中的至理名言。不仅在公司里，私人关系中也是一样，语言常常会成为毒药，很容易让对方感受到被攻击。虽然说出来的话也不无关怀之意，但是一味地给对方忠告，或者把别人的好恶评价转达给当事人，都会令人感到不快。第三方的生硬介入，不管什么方式都只会引起误会。

回味并且反复琢磨过去的事，对保持心理健康没什么好处，但是我们确实可以从过去的失误中学到很多。我曾经向某个人转述过别人对她的评价："那个前辈跟我说过好几次，是因为讨厌你才那么做的。"虽然我是怀着善意提醒她不要被欺负，但当我看到对方受伤的眼神时，我觉得自己做了世界上最坏的事。毕竟这是她们两个人之间的事情，我的这种行为跟挑拨离间别无二致。虽然已经过去很长时间，但那时的记忆依然像影片一样历历在目。在深刻地检讨过自己之后，我成了一个不传任何话的人。

生活中，像我之前那样口无遮拦地到处传话的人很常见。背后议论别人的人，如果想到自己也会在某个地方被别人议论，绝对不会再把别人的是非对错当作下酒菜来嚼。但问题是很多人意识不到这一点，依然我行我素，一边肆无忌惮地用语言杀人，一边认为自己没有任何问题。

开会的时候或者某些重要的场合，我都会把手机调到飞行模式，我不想因为突发的振动或铃声打断会议的进程，或者在商务会谈中失礼。我们不妨把飞行模式代入到职场人际关系中，在遇到喜欢搬弄是非的人时自动打开——不表示赞同，也不随声附和，只是听一听就好，这种状态相当于打开了飞行模式。

为了能在公司里平静自处，我努力做到多看少说。不知从什么时候开始，我成了某位同事口中“不太关心别人”的人。不来回传话，不搬弄是非，以批判的态度听，不相信“所闻即真相”，我认为这样做是对待同事关系的基本礼仪，但是，我不让自己成为委屈的受害者，像利刃一样时刻保持警惕的态度并没有变。其实，每个人都在遭受着背后议论，某些背后议论竟成了公司内部的一种评判，甚至会跟业务评价相关联——可不仅仅是背后说三道四的问题。这也就是我主张处理职场人际关系要格外小心的原因。最好的防御之法就是少抛出话题，少引发讨论；不要过度暴露自己的私生活（同事有必要知道你的恋爱史、你精神上的痛苦和家庭不和等琐事吗？）；不要在背后议论某一位同事（所有的背后议论最终都会进到当事人的耳朵）。

我也有想向谁倒苦水的时候。这个人得很理解我的情况，又得没有利益关系，像家人一样值得信任才行。当然，其实也没有什么特别的事情需要诉苦。如果不是痛苦到睡不着觉的程度，我一般回到家就把公司里的事忘了，真的有什么烦恼的话，我会深入思考，厘清头绪，跟当事人沟通解决。

有人的地方就有江湖，人群聚集自会萌生爱憎，这是古往今来文学作品取之不尽的素材之源。每个人的天性禀赋都不同，人与人之间交往最理想的情况是彼此之间守护好自己的“个人空间”。美国人类学家爱德华·霍尔说：“个人空间不是单纯的物理距离，而是心灵的距离。”一段关系舒服与否，取决于对方是谁，是具有相对性的。同事是为了相同目的聚在一起的一群人，不是家人，同事之间无论多么亲密，终究会掺杂利害关系。所以在同一个组织工作，有必要保持适当的距离，彼此之间谨慎相待。

辞职的习惯

对现代人来说，职业不是“梯子”，而是“攀登架”。

“如果公司不能快速成长，公司的主营业务也不重要，那么停滞就会开始，内部争斗就会产生。如果火箭上有了位置，不要问哪个位置，直接上去吧，公司的成长和自己的职业生涯成长紧密相关。”

每当对职业生涯进行深入思考时，我就会通过 YouTube 观看 Facebook COO（首席运营官）雪莉·桑德伯格为哈佛商学院（HBS）毕业生们所做的演讲。那篇演讲的核心思想是：积累工作能力，而不是资历；重要的不是别人给的头衔，而是看清楚我能做什么并真正去做。

这些年我从事过好几种职业，但不是在同一个单位连续工作。我在人生的很多方面都彷徨过，在职业上也是如此。上班这件事没有变化，但是在哪里、做什么却经常发生变化。我在社会上遇到的上班族主要有两种类型，一种是在一个单位里工作很长时间、逐级晋升的“梯子型”，另外一种就是像我这样的“攀登架型”，多次改变职务和从业领域，经历过多家公司，职位有升有降，但一直在工作。

以我的观点来看，“梯子型”看起来在追求稳定。在SNS的简介中写明所属公司的人所透露出来的稳定感，在我这样积累流浪经历的人看来，有时是值得羡慕的——他们长期工作在一家值得信赖的公司，自己也热爱公司和本职工作，伴随着公司的成长实现自我成长。在家喻户晓的知名企业上班的人，不管是自己感觉还是他人看来，公司的品牌都会成为自己的招牌。

在只有少数人才能跻身的大企业之外，还有无数的“游牧民上班族”。他们可能对公司的文化或同事感到失望，也可能认为自己的工作没有前途，他们努力地寻找更好的条件和更具挑战性的岗位。当然，其中也不乏追求安稳的“梯子型”由于各种原因被挤到了“游牧民上班族”的世界。从这一点上来看，任何人都无法保证自己能够拥有终身被雇用的稳定职位。

作为一个在“攀登架”上上上下下的“游牧民”，我总是时刻准备着再一次去冒险。我现在工作的公司也随时可以离职，为了离开时搬东西省事，我在办公室里放置的个人物品只有两件：一是放在桌面上的杯子，一是装在抽屉里的牙具。我已经很久没有在桌子上摆放跟工作无关的东西了，比如家人或狗狗的照片、花盆、人偶公仔和装饰用的书等。

十多年的时间里我先后在六家公司工作过，我渐渐领悟到：办公室里没有体现我个人情趣的东西固然有点冷清，但眼前没有什么能让我溜号的东西，有助于集中精力全情投入工作，其实是一个很大的好处。“辞职自由”的我，不会执着于公司，但会执着于工作。我对自己的工作评价标准取决于我所负责的项目做得好不好，是否同时实现了公司和个人的共同成长。

虽然我也希望升职加薪，但我不会为升职加薪奉献出我的整个生命，我也不想成为把跟同事们和谐相处、配合公司目标和方向而工作当作起码义务，一门心思只想着公司的人。倘若真想成为这样的人，我需要的是凭借我所擅长的工作，获得无论何时何地都能与人一决胜负的自信和勇气。这样的人，不是上班族，而是职业人，虽然境界有所不同，但方向没变。

离职的另外一方面准备，是我每年更新一次简历。虽然也曾有过每季度更新一次的时候，但我每进入一家新的公司，都至少会坚持工作一年，这是作为“游牧民上班族”的某种觉悟（当然也出于兼顾能力提升和离职金数量的颇为现实的考虑），当然最重要的是公司总是希望我能够留下。

我先后经历过几家公司，结识了很多不同行业的同事。大家曾经在职场上同舟共济，即使辞职了，通常也还会和情意相投的人保持联络，互致问候，互相倾听，互相安慰，甚至寻求帮助或出谋划策，给对方以支持和鼓舞。每个人的职业规划都有所区别，工作方向也不同，想法自然也不尽相同，但是，在辞职以后，我们从同事变成了好友。

“如果没有令我满意的剧本，就要出去找。我不能因为家里没有吃的就活活饿死。”正如演员斯嘉丽·约翰逊在采访中说过的这句话一样，积极寻找工作也是“游牧民上班族”必备的素养之一。每件事都要尽最大努力去完成，同时要灵敏地感受变化，既要像阳光一样热情地工作，也要像风一样果断地辞职。有过几次这样的经历之后，现在我无论去哪儿，都可以毫不畏缩地开始工作。当然，办公室桌上的一个杯子依然是全部家当。

英语算什么

英语好的话，可供选择的业务范围就会明显增加，可以有更好的工作条件，也可以在海外就业。好是好，可是像我这样因故没能出国留学，周围也没人说英语的人，能把英语学得像母语一样好简直就是人生的一大胜利。因此，英语发音流畅的海归同事一直是我羡慕的对象，虽然他们也经常鼓励我说："你不是韩语说得很好吗！"（嗯？）

虽然我现在工作中用到英语的时候仅限于写一写简单的公文和偶尔发一下电子邮件，但是我曾在一家总部位于硅谷的公司的首尔分社短暂工作过一段时间。这本该是同时代中最尖端的、充满乐趣的工作经历，可我每天只能体会到恐惧，害怕随时飞来的长篇英文邮件，和说不了几句话的视频会议。

那段时间，我学会了一个短语"Best Practice"，这是在筛选出成功案例并向合作伙伴提供信息时所使用的一句话，对我来说却是另一种意义。虽然"Practice"这个词有"实行"的意思，但我觉得“练习”的意思更为亲切，所以这个短语的意思似乎可以理解为“在练习中表现最好”。

任何事情，说到底都是练习的结果。即便抛开被无数人信奉的马尔科姆·格拉德韦尔的 1 万小时法则（想要成为某一领域的专家，需要投入 1 万个小时的训练）不谈，任何一项技能，只要不断地练习，一定会内化成为自己的东西。20 多年来，我一直有意识地学习英语，听和读的水平确实提高了，但在说的方面，由于练习的机会极少，总是难以提高。其实，也不单纯是练习的问题，还有性格方面的原因。因为我不喜欢说话，跟人斗嘴也很费劲。不光说英语很难，我用韩语进行过各种各样的陈述，但语言能力仍然与熟练运用的程度相距甚远。比起语言，我觉得用文字更方便。如同此刻，我也正在用文字来表达自己对于语言的领悟。

现在我唯一的自我提升是阅读一些英语小短文。在下班回家的地铁上，我通常都会浏览硅谷著名 IT 业的新闻室（博客）提供的新闻报道。为了学英语读过英文报纸的人应该都知道，英语评论的词汇量非常大，几乎相当于大学散文水平，读起来很难很累；相反，企业的报道资料却很简单，语句和文法的水平应该不亚于记者，词汇往往反映了最新的流行趋势，读这样的短文，对于提高英语水平很有用。

对我来说，熟练掌握英语仍然是精英的象征，想在职场上阶梯式升职的话，英语还是必备的能力之一。我在采访节目中看到很多事业有成的人，他们穿着白色的衬衫，袖子随意地向上卷起一点，靠在办公桌上，云淡风轻地讲述自己在世界各地的工作经历。以前每每看到成功人士的形象，我都想为他们饱满的热情鼓掌，同时也或多或少地受到刺激，激发起自己也要努力的想法。现在，我明白了他们的成功不单单是因为英语好，也明白了成功有着各种不同的表现。

我20多岁时，跨国公司的高管是我职业上憧憬的对象。现在，我认为从无到有建立起属于自己领域的人更了不起。之所以产生这样的变化，主要是因为我觉得精英和专家无法再以榜样的名义刺激到我。

某领域专家的故事可能会给人以灵感，但我的目标并不是“像他们一样”。因为每个人的教育背景不同，拥有的能力不同，当然也绝对不可能相同。现在，我正在按自己的节奏积累工作经验，因而学习英语的目的也发生了变化——比起流畅地说英语，我更愿意透过英语接触到更多的高级知识。用英文撰写的与生活礼仪和身心健康相关的专业书籍，大部分都没有韩文译本，想得到这些知识，只能读原文。

“英语只不过是一种工具。如果你通过其他方面的优势取得成功，雇用英语好的人为你工作就可以了。”

我刚开始学英语的时候，方法不对，也没有完全激发起兴趣，每天都倍感压力。哥哥看到我惨兮兮的样子，对我说了上面这番话。从这个角度来看，英语作为一种内在素养，能帮助我们更广泛地接触世界；在学习新的业务技术方面，英语能力也至关重要，能让自己在职场上适应多样化的工作。

韩国有句俗语：“山雀追黄鸟，撕破裤裆。”比起追赶黄鸟，我更愿意做一只腿短但可爱的小山雀（实际上，山雀并不需要模仿黄鸟，山雀本身就很可爱）。山雀的英语学习法虽然偏重于阅读，但通过阅读能够了解到新知识就已经很开心了。

语言学习不存在“完成”这么一说，即使暂时原地踏步，也会在某一天发现自己有进步了。比起追求“完成”，我更愿意以“继续”为目标。今天，我也将以“英语好的人”的身份，写下自己的一点看法，通过文字与读者朋友们见面。

好习惯清单

我的职场小习惯

1. 用 APP 管理名片

我的办公桌上东西非常少，因为所有的业务流程都是数字化管理，没有纸质文件，连名片夹也是用一个叫“Remember”的 APP 进行管理。收到客户的名片后，我会立即拍照，传到“Remember”上，然后把包含着很多个人信息的纸质名片放进碎纸机粉碎处理。目前用“Remember”还有一点还不够完美，来电话的时候只显示所属公司，不显示来电人的姓名，如果所属公司不那么耳熟能详，我就只得先查看姓名才知道是谁。不知道是否只有苹果手机是这样，如果能改进一下就更好了。

2．拒绝用公司聊天软件闲谈

公司内部的所有系统都不是给个人用的，我绝对不会用公司内部的聊天工具闲谈工作之外的事情，这已经是我长期的习惯了。我认为公司应该会对可能产生不良后果的聊天内容进行监督。对自己、对同事、对团队不利的话，我不光口头上不会说，当然更不会用公司内部的聊天工具说。

3．只保留文件的最最最……终版

除了项目过程中必须保留的资料，我通常只把最终审核通过的文件保存在文件夹中，将来用到这些文件的时候就很容易找到，而且不会混淆。给文件夹命名，最好标记年度，但文件名我选择用自己喜欢的语言编写。事实上，哪个文件夹里有什么，谁都很难百分之百记住，肯定会经常使用搜索功能来查找，我觉得，用自己喜欢的语言给文件命名，查找起来会更快。

4．定期阅读《监查报告书》

定期查阅跟公司有关的新闻报道，以及金融监督院电子公示系统（dart.fss.or.kr）发布的《监查报告书》，有助于掌握公司的动向。虽然总会有一些人认为自己不在财务部门工作，不知道公司年销售额，也不知道公司有多少员工都是很正常的，但是我认为，对公司的生存状况有所了解是很必要的。比起通过小道消息和胡乱猜测得到信息，官方发布的报告可信度更高，更有参考价值，因而在考虑离职时，我也会阅读相关企业的《监查报告书》。

5．比猎头更可靠的几个 APP

以前，员工考虑离职的时候往往有很多烦恼。比如，不认识值得信任的猎头，通常只能通过熟人推荐找到新工作；即使从熟人那里得到了不错的提议，也还需要彻底调查一下，自己的能力和各方面情况是否符合那家公司，这个过程复杂而且渠道不畅。但是现在就完全不同了，我们处在一个信息开放的时代，通过相关的 APP 就可以充分获取到优质的招聘信息。我现在使用的 APP 中，在“Job Planet”里面可以看到在职或辞职的人留下的公司评价和面试经验；需要进行年薪协商时，可以在“Credit Job”里看到该公司的工资表，这些信息都是我是否选择这家公司的重要参考资料。

辑八 每个人都需要一个洞穴

抚慰疲惫的悠然时光

今夜，我与自己有约

“今天要去什么好地方吗？”说话的是我的同事。同事看到我正忙着做下班前的准备，以为我晚上有什么约会呢。其实精心打扮并不是因为有约会，而是因为我要美美地回家。每天早上从睁开眼睛的那一瞬间就开始忙碌，现在终于可以回家了。

“和我自己有个约会，所以我要快点回家咯。”

瑞典人每年可以享受五周的法定休假，以至每年七八月份，瑞典大部分的商店到下午 6 点左右就关门了。但是在韩国，休年假还得看上司的脸色，想过上工作和休息平衡的生活需要相当大的努力。虽然我们没能生在瑞典，但至少可以学习瑞典人“工作是为了生活，生活不是为了工作”的态度。

很多人都非常羡慕北欧人悠闲的生活状态，却不会为过上那样的生活而努力。总是说，只有在灯红酒绿的不夜城度过激情燃烧的深夜才是城市人的生活。成为一个经常把“累”字挂在嘴边的人，这件事完全引不起我的兴趣。与之相反，我喜欢回到温馨的家里，为第二天的工作和生活做一些准备，然后全身心地投入休息。平静的晚餐时光，会让我移民到北欧的想法完全消失，我觉得此刻脚踏着的这块土地也令我相当满意。

我经常见到下班后不愿意回家的人。最荒唐的是一位男同事，他说回家得看孩子，为了避免看孩子，他宁可在公司里加班。也有因为家里乱、没得吃、哪里出了故障或者房间温度不合适等选择在外面待着的情况。家，本该是世界上最舒服的地方，却成了某些人不愿意回去的地方，这跟结束了艰苦的旅行后无家可归的流浪汉有什么区别？这种心情，如同失去了人生根基一样凄凉。我也曾有过一段时间，因为房间没有打扫干净不想回家，喜欢在夜晚的大街上徘徊购物。

不时就会听到有人问我：你一个人生活，家里空荡荡的，会不会不愿意回家呢？我很好奇，提这种问题的人，大脑里正在想象些什么呢？漆黑的屋子（一开门，我家玄关的自动感应灯就会亮起来）？清冷的气氛（为什么会有这样的感觉）？脏乱的房间（已经不再是这样了）？寂寞的……（寂静是我最爱的感觉之一）？这些词好像是在描绘电视剧里孤独的"大雁爸爸"[①]的感受。提问者也许无法理解，对我来说，卸下伪装的面具，进入属于自己

① 大雁爸爸是韩国近年来的流行词，意思是母亲带着孩子在国外上学，留下父亲一人在韩国工作，他们每年在韩国与孩子留学国家之间来回奔波，颇像大雁迁徙，因而得名。

的舒适空间，那一瞬间，我的脑海里只有“快点洗漱，快点做饭吃”的发自本真的想法，完全不是电视剧中充斥着的“遭到排斥”和“缺少关爱”的凄惨画面。

美国洛杉矶的插画师马瑶瑶·范·阿斯用画笔描绘了她独自生活的幸福日常，她说：“独自生活意味着所有事情都得自己做，对人生产生影响的事情也都要自己决定，但是，独自生活并不可怕，精彩的瞬间也数不胜数。”正如被人群包围也可能感到孤独一样，独自生活也可能并不孤独。她所描绘的独居生活中的点滴细节，真实自然而又充满温情——未经整理的散乱的工作空间，独自望向窗外的美丽眼睛，还有和宠物狗之间琐碎的日常，那一个个平凡朴实的瞬间真美。

独自生活也足够幸福的人，才能和别人幸福地相处。如果我总是依靠别人，或者在经济上、情绪上被别人束缚，我该怎么办？对方会幸福吗？晚上，我认真地打理自己，精心地营造环境，充分地享受休息，我切实地感受到，在这个快速运转的世界里，我的世界慢一点也没关系。今夜，我又一次享受着和自己的约会，再一次领悟到在家里度过的平凡夜晚是多么珍贵。

躲进我的“洞穴”里

家里是最好的——如洞穴一样略显昏暗的我的家。

这句话是什么意思呢？每天除了做饭的时间，我不开日光灯，从傍晚到夜里，为我的11坪[①]的房子照明的，只有一盏可以调节亮度的卧室台灯。这也意味着，当家里的照明被一级一级地调暗，我也一点一点地进入睡眠。

紧张了一天的神经要在晚上放松下来，为了正式进入休息状态，我要做好万全的准备。在像白天一样明亮的日光灯下，我觉得身心都很难得到放松。昏暗的间接照明就像月光一样柔和，在这样的空间里，静静地听着舒缓轻柔的音乐，心情渐渐变得平静祥和，身体就会慢慢达到极度放松的状态。

如果某一天我在外面感觉到内心受伤了，就会蜷缩在低气压里默念：“每一天，在每个方面，我都会越来越好。”埃米尔·库埃的自我暗示疗法不适合在光线明亮的环境下进行，受伤的时

① 坪：源于日本的面积计量单位，主要用于计算房屋、建筑用地的面积。1坪约等于3.3平方米，11坪约等于36.3平方米。

候反而觉得昏暗的空间让人更安心。今天艰难的工作未来将如何解决，谁也不知道。

这个世界运行着一个巨大的偶然系统，只要想想“好事多磨”“塞翁失马”之类的成语诞生多久了，就会知道，在漫长的历史长河中，有多少人曾经像现在的我一样，遭遇到苦难时，无法预知未来的恐惧感也曾经使他们身体战栗。所以，此刻除了抚慰自己疲惫的内心，我别无他法。

如果是住在乡下，房子如昏暗的洞穴会很可怕，因为周围一片漆黑；但是城市里的“穴居生活”则完全不同，不但不会令人恐惧，还能惊奇地发现另一种美丽——周围密集的公寓和其他建筑物像星星一样闪烁着光芒。当然，星星不可能像工厂里一个模子刻出来的那样形状和大小完全一样，它们变化多端，万千妩媚。虽然我没有看到过阿尔丰斯·都德的小说《繁星》中所描绘的星光洒落的浪漫，但周围公寓发出的光芒温暖了我昏暗的房间。

在北欧漫长的冬天里，很多时间人们都只能在家里度过，所以北欧人似乎深谙休息之道。北欧风格的装修和家具在韩国也逐渐超越流行，普及到千家万户，可能正是由于它们超强的实用性，以及从独特帅气的设计中体现出来“休息”的理念。我的家里虽然只有几件家具，但都不是铁质或塑料材质的，而是自然温馨的北欧风木制品。隐隐的灯光与木制家具的相融合，总让我不由得想到，自己就是自然的一部分，此刻，我亦身处自然。

丹麦人崇尚舒适而朴素的生活方式，虽然外面冰天雪地，寒风呼啸，但是人们在温暖的家里，穿着暖和的睡眠袜，喝着热腾腾的可可，聚精会神地看一会儿书，这种悠闲惬意的状态，光是想象一下都会让人觉得沉静而且安心。每当遇到寒冷的天气，我想蜷缩在屋里感受一下丹麦人的生活方式时，就会关上卧室台灯，点亮蜡烛。听着音乐，看着慢慢燃烧的蜡烛，感觉自己置身于神秘的空间之中。小小的烛光昏昏地照亮了我的屋子，隐隐的香气弥漫在我周围。虽然清冷肃杀的天气难免让人心情沉闷，但静谧清幽的房间气氛足以让我感到温暖安宁。

又是忙碌的一天。

明天也会很忙。所以现在，就在这一瞬间，我要唤醒我的副交感神经。如果说，因压力和紧张而启动的交感神经系统在白天更活跃，把我们从压力中解救出来，那么，副交感神经系统的活跃将会起到恢复身体的作用。此刻，我要让我的副交感神经系统启动起来了。

复活自己的方法

之前有过一段时间，我因为身体状况不太好辞职了，在家里一边以自由职业者的身份工作，一边疗养身体。早上起床后，5 分钟内来到作为工作室使用的房间里，穿着睡衣开始工作，吃完午饭接着工作，忙的时候甚至会工作到凌晨，连做饭的时间都没有，只能吃外卖汉堡。那时候，家和工作场所不分，休息和工作界限模糊，生活节奏也混乱无序——家简直就像监狱一样。

我想从孤独的家里逃出来，就去一家公司上了班，可是很快就又怀念起在家工作的日子。因为在家工作不会那么紧张，只要按照我自己的速度往前推进就可以，这种感觉真的很好。对于往事，人不但容易忘却，还会一定程度地美化，最近又觉得在家工作可能是最适合我的。（此刻，为了赶在最后期限前完成任务，我边哭边干。拜托，再恢复到之前工作到凌晨的时候吧。）

作为寂寂无名的公司职员甲，我一整天争分夺秒地工作，只为能够按时下班。坐很长时间的地铁回到家，为了洗去从外面带回来的尘垢，重新变成一个清爽洁净的宅女，我要举行的小小的仪式就是第一时间去洗澡。

我一边洗澡，一边回味着这一天中印象深刻的瞬间，包括我做错了的事情、痛快了嘴但很快就后悔了的事情、荒唐的事情等，在脑海中翻来覆去地播放过之后，总能找到自己的缺点和不足，我在心里承认错误并认真地反省自己。随着温暖的水流倾泻而下，那些记忆也从我的脑海中被冲刷掉，流走了。然后试着计划一下明天，从吃什么、穿什么这些最基本的事情开始，连续不断地一直想到明天要做的事是什么，想做的事是什么。真希望我的头脑中能有一个让思绪暂停下来的按钮，我要洗澡结束之后，按下这个按钮，让自己变成一个停止一切思考、静静地发着呆、以最佳状态休息的人。

我洗澡很快。温热的水淋到身上的确很舒服，但是如果洗澡时间太长，你会发现手指肚会因为水分流失而变得皱巴巴的，也会使身体更疲劳。用手洗代替浴花洗澡，好处是无穷无尽的。湿的浴花很容易滋生细菌，所以用过之后一定要及时晾干，但我觉得大可不必每天为晾干浴花而费心。如果像按摩一样用手清洗，不光皮肤上的油脂和灰尘会洗得很干净，还可以让紧张了一整天的肌肉得到放松。特别是女性，洗澡时正好做一下乳腺癌的自我检查，也可以用在按摩店偷偷学到的按摩方法，从胸部到腋下依次按摩，刺激淋巴排出废物。这些都是用手洗澡的好处。

半身浴[①]被认为是非常有益于健康的洗澡方式，既可以缓解压力，又能促进血液循环。以前每周末我都会出去登山，每次走三个多小时，回到家里泡个半身浴，身体的疲劳很快就消除了，我觉得再没有比泡半身浴更幸福的时候了。虽然半身浴的时间抚慰了我工作一周的辛劳，让我感受到了温暖和幸福。但是自从我搬到这间小房子以后，家里没有浴缸，只有淋浴设施。人总是对自己得不到的东西充满渴望——韩国的房子大部分是浴室和卫生间合二为一的，我很喜欢日本的单身公寓，即便房子很小，也是浴室和卫生间相互独立的构造，浴室里装有小浴缸。每天洗澡成为日本人的生活文化，这一点我非常羡慕。

真希望每天都能悠闲地享受着被半身浴治愈的感觉，经常想着再搬到有浴缸的房子里，但是现在条件还不具备，只能偶尔去蒸桑拿或者泡温泉。在家里淋浴的时候，为了能够充分感受到与半身浴相似的幸福，我会对水温进行调节。从温水开始，逐渐过渡到凉水，然后仔细清洗脚底，再用强水压按摩脚底。

① 半身浴：指将肚脐以下的部位，在 39℃的温水中浸泡 30 分钟以上。据说此方法可以让从心脏流出的血液，一分钟内完成体内循环并回到心脏，不会给心脏造成负担，对改善寒症、低血压等体质很有效。

淋浴结束，用浴巾简单地吸一下身上的水，把表面像云一样柔软的轻便浴衣披在身上。直到这时，我才终于有了回到家里的真实感。然后安静地坐下来，喝一杯温水，真是太完美了！这一刻，在外面遭遇到的所有不愉快都烟消云散了，属于我的静心休息之夜开始了。

治愈心灵的天籁之音

想象自己生活在静谧之中，就会联想到在自然中追求物我一体的道士。小时候在教科书上了解到的道教，对年幼的我来说，不过是一种奇妙的神仙思想。当我一次又一次在大自然中体会到被治愈的感觉后，对于道教思想产生的原因，似乎明白了一点。

有一次，为了探访韩国画家李禹焕在日本的美术馆，我从高松市出发，坐船去往被称为“艺术之岛”的直岛。正常情况下，这段路程一个小时左右就能到达。那天出发时，高松港口晴空万里，没想到直岛却是风雨交加。就像小说《暴风之丘》中的希斯克利夫生活的地方一样。整个岛上都停电了，狂风裹挟着大雨，幸好还没达到有生命危险的程度。因为我是一个人去的，又不会开车，只能靠着一把伞深一脚浅一脚地走向美术馆。无法预测的海岛天气就像大自然演奏的威严的奏鸣曲——风声、雨声，加上惊涛拍岸的声音。那天，我以“休息在自然界”为主题，在没有电视的威尼斯酒店度过了一个沉寂的夜晚。在露台上，我一边听着自然界雄壮的声音，一边望着远处翻滚的海浪和热烈舞蹈的树木，就像欣赏世界上最动听的演奏会一样，那情景久久不能忘却。

小时候，我偶尔会背着妈妈拨打 114 之类的收费服务电话，原因是在那里能听到我喜欢的大自然的声音，鸟声、水声……就像空中生活的休闲频道一样，光是听一听就觉得很舒服。这么想来，用自然界的声音抚慰心灵，我在更早的时候就开始了。

生活在城市里，耳朵里听到最多的声音要数汽车的噪声。我渴望宁静，奈何偏偏生活在嘈杂的都市环境中，为了不被噪声干扰，要常常开着音乐。年轻时候我喜欢流行音乐，现在我去到了更久远的时代，我把古典音乐作为生活的背景音乐。古典音乐很难，我从一开始就不知道欣赏的重点是什么，只能做出“哇，这部分演奏好听得让人直起鸡皮疙瘩！”的泛泛评论，但是只要遇到与我的频率和谐共鸣的特定的旋律，还有让内心平静或跳动的大调、小调，我就会陷入音乐和爱的洪流中无法自拔。

塞泽尔·法兰克的 A 大调大提琴奏鸣曲是我每天做瑜伽伸展运动时的背景音乐；肖斯塔科维奇的爵士音乐中最著名的 2 号华尔兹，还有柴可夫斯基的《四季》中的《六月船歌》是我六月份一定要听的曲子；去佛罗伦萨旅行的时候，单曲循环着柴可夫斯基的《佛罗伦萨的回忆》；当然，无论何时我都喜欢听肖邦。

用喜欢的音乐填满生活的人，是真正幸福的人。在我看来，根据当前的心境和状况，选择不同的音乐安抚自己的心，此时的音乐就如同一支冰激凌，是可以让人忘记忧伤和无聊的良药。当我们的日常生活中听不到大自然的声音时，没有比欣赏古典音乐更完美的了。古典音乐的魅力在于它是人类所创造的和谐而平静的声音，与现在以数字化为基础的音乐微妙地刺激人神经的声音不同，它可以触动人们隐藏在心灵深处的情感。难道因为这是尼采在宣布“神已死亡”之前就已经高度发达的音乐吗？它们充满了灵性。音乐和艺术的佳作就是这样，即便创作的年代已经非常久远，但依然广受喜爱。

吸烟喝酒、暴饮暴食、在歌厅大声嘶吼，用这样带有自我破坏倾向的方法释放压力并不是最佳方法。我认为消除压力是治愈心灵的前提。人们为了治疗受伤的心而破坏身体，能得到什么呢？为了抚慰过度疲惫的身心，可以在周末欣赏钢琴演奏会；为了获得心灵的宁静，可以在大自然中漫步。每当精神振奋的瞬间突然来临，之前承受的所有痛苦就会立刻变得模糊起来。

康德式的散步

提出“填鸭式教育的产物是‘纯粹理性批判’”的哲学家伊曼努尔·康德有很多逸闻趣事，其中，我印象最为深刻的有两件。一是康德被心爱的女人求婚，他花了七年时间思考和研究结婚的优缺点，直到他准备向她喊出“Yes”的时候，才知道她已经结婚了。另外一则趣闻是他的作息时间几乎一成不变，康德一生生活在故乡，每天凌晨五点起床，下午 3 点 30 分准时出去散步，村里的人都了解他的作息规律——康德才是最适合展示“习惯的力量”的代表人物。

虽然我在作息有规律方面跟康德比还差得很远，而且也不是很爱运动，但周末我一定会去散步。这是因为我决定每周要有一天出去走路，而且待在家里也很闷。首尔是一座非常美丽的城市，有很多地方可以散步，只是，首尔太大了，想找到一个可以安静休息的地方并不容易。

一年多前我喜欢上了登山。我喜欢在大自然中感受内心的平静，喜欢在广袤无垠的自然面前无限变小的感觉。浩瀚天地之间，我的烦恼变得无关紧要。如尘埃一样微不足道的我，有什么了不起的呢——在自然面前，我高傲的心变得谦逊起来。我家不远处有北汉山，大多数时候我都是沿着北汉山的环山路登上庆寺所在的那座山，在三个小时里尽享山峦的壮观和登山的喜悦。但是自从在京畿道扬州市的天宝山山顶遇到一只野猪后，便再也不敢上山了。当时，野猪和我们一行人在不该相遇的地方感受到了彼此的气息，幸运的是没有发生正面冲突，各自从不同的方向迅速逃离。尽管如此，我还是害怕得心脏几乎停止跳动。“我的脚步啊，救救我吧！”我在心里无数遍地默念着这句话，惊慌地从山上下来了。直到现在，关于那天回到家后关节剧烈的痛感仍然记忆犹新。无论山有多大的吸引力，重新上山的恐惧感还是相当大的。

那一番遭遇之后，胆小的我只能在市中心找个安静的地方散步。如果预约成功，去昌德宫后院散步是最好的。一个半小时左右的步道长度正合适，在市中心的王室庭院内散步，会有一种穿越回朝鲜时代的错觉。宫殿虽然不能进去，但是看到正祖建立的奎章阁，看到古代皇帝为了体验百姓疾苦而种的稻田，还有古街风貌鲜活的钟路一带，都让我生发出对历史的敬畏之心。

这里是我最喜欢的散步场所。从安国站下车，沿着尹宝善路走到正读图书馆，再走到国立现代美术馆，在国立古宫博物馆参观完王室遗物，在景福宫一带转一圈，一路上都特别开心。市中心古代建筑群独特的魅力让散步的乐趣倍增。绕着朝鲜时代的五大宫殿散步，享受着不是特权的特权，感受着朝鲜时代朴素的美学思想，从中不断得到启发和灵感。

散步的时间也是思考的时间。我认为康德哲学的出现，散步可谓功不可没——在探究学问之后，如果没有花时间思考整理，只会成为知识丰富的人。散步的运动量不会对身体产生负担，走着走着血液循环会慢慢变好，大脑神经也会变得活跃。有时候坐在椅子上什么创意也没有，出去走路的时候就会灵光乍现。感觉到心烦意乱的时候身体做点运动，大脑也会跟着变得活跃，把思绪引向更好的方面。我有一位朋友，他脑子乱的时候喜欢出去兜风，对他来说，兜风是消除烦恼的最佳方式。对我来说，有着同样效果的是散步。走路可以让我的心平静下来，然后静静地思考。

好习惯清单

随时准备休息

1．在卧室里准备一瓶精油

每天上床之前，我都会在手心里滴几滴精油，两手互相搓到掌心发热，精油的香气徐徐飘来，轻吸一口气，立刻觉得身心舒畅。接着我把精油涂抹在脸上，轻柔地按摩一下就上床睡觉。精油的芬芳会使人恍如来到按摩店一样，身心极度放松，很快就会进入睡眠。很多人认为用薰衣草精油有助睡眠，但我觉得它的香味太浓不合适我，还是应该找到适合自己的香草。

2. 有助睡眠的洋甘菊茶

没有比睡得好更有益健康的休息方式了，但是如果压力过大，或者旅行和登山之后，身体非常疲劳，往往很难入睡，这时候，可以喝一杯暖暖的洋甘菊茶，甘菊香草有助于神经安定。热牛奶、香蕉等食品虽然也有助于安眠，但最好还是不要为了催眠而折磨胃，喝一杯清茶是明智的选择。

3. 不使用遮光窗帘

有些人因为不喜欢早上的阳光照进房间会使用遮光窗帘。遮光窗帘的缺点是它会使人体的生物钟以为一直是黑夜，让人多睡很长时间。如果用薄一点的窗帘，随着天色逐渐变亮，人体的生物钟会意识到太阳正在慢慢升起，会一点一点地把人从睡梦中唤醒。按时起床有助于人体每天保持相对稳定的状态，还不会因为睡懒觉而迟到，我已经听到好几个人说因为遮光窗帘而迟到了。

4. 不同季节穿不同的睡衣

有的人会把穿旧了的T恤衫或运动裤当作家居服来穿，一般来说，家居服和外出穿的衣服松紧度是不同的。家居服宽松而且舒适，不会紧紧地勒着身体，有利于更好地休息。不同的季节我会选择不同材质和加工方法的棉质睡衣套装。唯一一件连衣裙样式的睡衣，主要是在身体不舒服的时候穿。因为它不像裤子那样收紧腰，全身上下没有任何被衣服勒住的地方，血液可以顺畅地循环，有助于身体保持最舒适的状态。所以，到了需要照顾自己的时候，首先从穿舒服的衣服开始吧。

5．简单的野餐

我没有像《金叉子》杂志画报上带着美味食物去郊游的机会，但享受一顿简单野餐的郊游机会还是很多的。出去散步的时候，我会简单地准备一些茶点。为了拿着方便，夏天我会用保温的便当包装上凉开水或热茶，有时也会在包里装一盒豆奶，准备渴了的时候喝。“野猪之乱”以前，我还常常带一点油豆腐寿司和水果，享受在山上野餐的乐趣。

6．一条手帕的效果

晚上回家后，我把用过的手帕洗净晾干。很多人喜欢用湿巾，但是我觉得手帕比湿巾优点更多。湿巾只能用来擦汗，擦打哈欠流下的眼泪，擦手上的水等，而且用起来也很费劲。手帕不仅可以用于擦干水分，尤其是在外面的时候，妙用手帕可以让我们更方便，少受苦。天气突然变冷的时候，把手帕围在脖子上，可以保持体温（据说脖子后面有体温调节点）。在空调开得太凉的室内，可以用手帕代替毯子盖住腿。虽然只是一条小小的手帕，但在家以外的其他地方，常常可以发挥出意想不到的作用，帮助我们暂时应对一些困难。

7．保持好的身体状态从调节体温开始

将体温提高 1℃，不但能增强免疫力，而且更容易减肥。保持好体温很重要，特别是女性。老人们经常强调女性要做好下半身保暖，冬天要穿内衣，夏天也不要坐在太冷的地方，对健康有好处。调节好体温可以预防疾病。以前我常因为袜子和鞋风格不符，在严冬里光着脚穿鞋。自从懂得了保持体温的重要性之后，我改掉了过去的坏习惯。现在，在冬天到来之前，我就已经准备好温暖的羊毛袜和内衣。

8．把手机藏起来

为了休息时不被打扰，我有时会把手机放在床头柜的抽屉里。周末如果没有特别的事需要跟外界联系，我几乎不看手机。与世隔绝的感觉可以让人安心地休息。当我从 SNS 上熟人的消

息和层出不穷的新闻中解放出来，我觉得房间就是世界的全部。从智能手机的诱惑中摆脱出来，重新获得身心自由，我可以沉浸于幻想，也可以静心阅读，神游在更高远的世界。

9．短暂的问候

我不大喜欢跟亲戚朋友们保持紧密的联系，但偶尔想起某个人的时候，也会立刻发消息问候一下。虽然也会互相交流一些信息，但对我来说，仅仅是听到对方的声音就会觉得心里很温暖。知道对方“过得很好”，我们依然存在于彼此的记忆中，并且没有什么事、按部就班地生活着，我就安心了。

辑九 不无聊真是太好了

周末出去玩吧

周五应该怎么过

跟朋友们一起出去玩，聚餐喝酒，通宵蹦迪……我也曾经常这样度过“火热的周五”，现在的网络语言叫作“火五”。有人说“玩也就一段时间”，我不记得什么时候听到过这句话了。确实是这样的，精力充沛，喜欢享受夜生活的日子，真的就只是一段时间而已。现在，我都几乎不记得那个时候了。

也许是我比周围朋友们的心理年龄更为成熟，我已经和以前的朋友们兴趣不同了。但是直到现在，我身边也还有人通过去夜店玩转换心情、释放压力。她们经常嘲笑喜欢去昌德宫散步的我，叫我“老年生活明星”。

我有一位年龄相仿的朋友，她还像年轻人一样喜欢追星，喜欢刷 YouTube，喜欢使用网络语言，她不能理解我为什么只对古典和传统感兴趣。有一次她问我：“咱俩现在一点共同爱好都没有了，为什么还能一直保持联系呢？”

虽然我们俩的兴趣和爱好完全不同，但在未婚这一点上是相同的。如果说年轻的时候和志趣相投的朋友混在一起很开心，那么到了中年，纽带感就变得更重要了，这是一种奇妙的同志意识。朋友们在一起闲聊、吹牛、侃大山，既不像心理治疗中接受专家建议，也不像从算命先生的胡乱猜测中得到安慰，而是希望从一直以来就很关心自己的朋友那里得到理解和共鸣。

也许正是因为这样，周末跟朋友们见面的时候，比起一起去体验什么新东西，还是互相聊聊近况、倾诉倾诉烦恼更让人心情舒畅。一点美食、一杯热茶，都能让我们的聊天更有滋味。

但是最近大部分周末我都是一个人度过的。因为周末我也想维持和平日一样的生活节奏，并没有因为第二天是休息日就玩到很晚，每天都保持着同样的作息规律。度过比平时悠闲一点的周末，又迎来以工作为中心的五天——就这样，一周又一周，按部就班。

之前有过一段时间，到了周五，如果没有约会心里就觉得空荡荡的，甚至有点凄凉。有人问我“火五”一般怎么过时，我曾试图回答得像样一些：“我有很多朋友，我在朋友们中间很受欢迎呢……”现在想想，那时可真是幼稚啊！

不管怎么说，一到周五，我的心情就跟许多人一样不由自主地兴奋起来了。周五我通常会为过一个美好的周末做点准备：早晨上班的路上，我用手机上网买菜，下班回来的路上买点花。每到周五我都会买一束美丽的花插在花瓶里，周六的早上一睁开眼睛就能看到，而且周末两天在家的时间长，花朵最新鲜、最美丽的时候可以尽情欣赏。

每个季节都有人家装修房子，但我家总是没有变化，变化的只是床上用品的厚度而已。在这样一成不变的家里插一束鲜花，可以提醒我，一个新的时节到了。应季食物能让我们品尝到时令的变化，应季鲜花可以让我们感知到季节的交替。

花有着激发想象力的作用，让安坐家中的我们产生置身于不同空间的错觉。令人垂涎的绣球静谧优雅，让人有种走在桥上的感觉；曼斯菲尔德公园玫瑰的美丽姿态，总能让我想起在英国一个精心打理的庭院里见到的带着露珠的玫瑰；当我把一束被誉为“凡·高的向日葵”的泰迪熊向日葵放在桌子上，就好像把凡·高的画作搬到了家里……

蕴含着无数灵感的花朵，也藏着让人快乐起来的小幸福。有人说花钱买花很可惜，再怎么好看也是没几天就枯萎了，当作垃圾扔掉的时候处理起来也很麻烦。在我看来，买花也是一种嗜好，就像很多人喜欢在周五晚上出去喝酒一样。像我这样不会喝酒的人无法理解酒的妙处，同理，对不理解我为什么明知很快会枯萎还会花钱买花的人来说，我也是很特别的一个人。

每个人度过“火五”的方式都不一样，在这么一件小事上，人与人之间都存在这样明显的差异，可见，每个人从一开始就不应该期待自己的想法和行为总能得到别人的理解。也许，认为“别人会理解自己”这种想法本身就很鲁莽，所以，只要和顺地接受对方的真实想法就好了。

过去经常和朋友们一起玩的那个我和现在的我，看起来好像差不多，但其实已经大不一样了。我的老朋友们可能会对我的变化会感到陌生——现在的我，不喜欢人多嘈杂的地方和灯红酒绿的酒吧，更愿意待在清幽宁静的家里赏赏花，或者去野外踏青，去美术馆参观鉴赏；不喜欢便利店里的快餐，把买菜做饭视为理所当然的事；不再追求感官的刺激，喜欢以朴素的方式度过周末，给努力工作了一周的自己“充电”——朋友们都说在这些方面感觉到我变化相当大。

以哪种方式度过周末更好？答案肯定因人而异。无论如何选择，其本质都是消除压力，转换心情，只是方式不同而已。

大家一定会有这样的感受：在我们周围，有些人还跟以前一样，好像没什么变化，也有些人发生了显著的变化。我觉得，人无时无刻不在变化，即便是看起来完全一样的瞬间，其实也在一点一点地发生着变化，没准儿正在改变着生活的方向呢。

虽然不同季节里我们看到的花朵形态迥异，但同样使我们心生赞叹。同理，就算我们每个人前行的方向各不相同，我也希望大家咏叹生活的热情依然如故。

不认真做也没关系

有一天，我花了1000韩元买门票进了德寿宫，在庭院里选了一个安静的地方坐下来，打开了书。那天我读的是孙美娜的随笔《在巴黎，你就是绽放的花》。到现在我还记得那时的感受，因为读到了一段足以改变我生活方向的文字——法国前总统蓬皮杜提出的“中产阶级的评价标准”。

能自由运用一门外语；

掌握一项可以尽情享受的运动技能；

会演奏一种乐器；

能做一道风味独特的菜品；

保持见义勇为的果敢；

坚持志愿服务活动。

在韩国，进入中产阶层的标准包括：拥有30坪以上的公寓、排量2.0以上的汽车、现金资产1亿韩元以上、每月500万韩元以上的收入等。虽然我是个十足的穷人，可是我也想成为富翁。

如果我想成为韩国标准下的富人，只会为了赚钱把身体搞得一塌糊涂，甚至累死；但如果按照法国中产的标准来看，似乎还是多少可以肯定一下当下的生活的。

自从我决定做一个精神上的富人开始，内心变得淡定了，我希望以自己深厚的教养来看待这个由形形色色的人组成的世界。学无止境的观念，成为我不断积累内在财富的动力，就这样，被法国中产阶级评价标准深深打动的我重新开始学习钢琴。

小时候我曾经学过五年钢琴，但那时候一直没有太大的兴趣，能力也不出众，经常闹着不肯去上钢琴课。究其原因，那时候我所受到的音乐教育，并不是首先让小孩领悟到音乐的乐趣，而是读不好乐谱就会被打手板，得不到大人们的认可和鼓励，只能无条件执行命令，这种斯巴达式的教育，使我无法对音乐产生兴趣。

在所有的乐器中，据说只有钢琴是完全用身体来学习的，比其他任何乐器都更让人产生亲密感，88 个键子弹奏出来的和谐乐音最让人心情舒畅。肖邦的音乐作品由著名钢琴家演奏出来，那美妙的旋律竟如此打动人心，常常令人热泪盈眶。小时候，肖邦的音乐对我来说简直是神的领地，是我无论怎么努力都进不去的殿堂。我常常气馁地想：“我怎么敢用我这样卑劣的琴技演奏这样深奥的曲子呢！”长大以后，当我再读肖邦的华尔兹和夜曲的乐谱，觉得他并不是那么冷酷无情的作曲家。虽然已经时隔很久，但我看着乐谱依然能读出来，依然能弹奏出和弦。我由此发现，虽然接受教育的过程和方式可能不是很理想，但所受的教育本身绝不会是没有用的。

我现在学习钢琴，对成果没有任何渴望，只是喜欢，只是随便玩玩。果然，“不认真做也没关系”的事情更让人觉得有意思——我随心所欲地理解乐谱，也没有谁会说什么，不会因为练不好被打手，也不用参加比赛而神经紧张。弹琴只是因为好玩，但如果我好好弹，耳朵能不能享点福呢？我常常这样想。

每天晚上我都会练习两三首曲子，除了肖邦的华尔兹和夜曲，还有贝多芬的奏鸣曲，我一边琢磨曲谱一边弹，虽然弹得像乌龟一样慢，但是每次练习的时候都会产生“啊，还是一点一点地好起来了”的感觉，这是我弹钢琴最大的乐趣。

艺术家是有着特殊才能的人，他们具备持续刻苦练习的毅力，他们用自己精湛的技艺向我们展示了动人的声音和美妙的舞蹈，他们的表演细腻地表达了人类情感，感人至深。西方谚语说“练习创造了完美”，东方古语说“苟日新，日日新，又日新”，艺术家们的成长经历完美地诠释了这两句话。但是要想成为卓越的人，一直用同样的方式练习是没有帮助的，需要在练习的过程中不断纠错。已经错了还在不断重复，使错误更加被强化，甚至到了想改也改不了的程度，这是最糟糕的情况。学习一项技能，不能眼睛只盯着前方一路猛冲，更要经常回顾一下，看看有没有什么不对的地方。时常反省并勇于改错的态度适用于任何领域。

非常庆幸的是，我每天晚上弹钢琴不是为了成为艺术家，而是想要成为精神上的富者，尽情享受音乐的快乐。弹琴的时候我戴着耳机，不会发出噪声引起邻居们的不满。昏暗的房间里灯光朦胧，秋夜的月光皎洁如水，在这样宁静柔和的夜晚，穿着毛衣弹钢琴时清凉的夜风轻轻拂过，那一瞬间，我感受到了什么是“诗一般的夜晚”，醺醺然陶醉其中了。

小猫不用写日记

还是小猫活得简单啊，想吃就吃，想睡就睡，恼了就大发脾气，伤心难过了就大哭一场，就像遇到了世界上最悲伤的事。它们绝对不会写日记之类没用的东西，因为根本没有必要——在夏目漱石的小说《我是猫》中，我确认了日记的无用。

过去在日本，日记主要是贵族们写公事，或者记录家族的生活，是非常正式而且很有必要的记录。依据夏目漱石的说法，写没用的日记始于学校的假期作业。孩子在日常生活中有什么印象深刻的事吗？把它们记录下来吧！当然也可以把你想象中的内容记在日记里。有时候，我遇到实在没有写作素材的时候，就会以日记里记载的那些从未发生过的事情作为素材写小说。如果你发现自己文学创作热情高涨，那么认真写日记似乎就是练习写作的良好开端。

进入青春期之后，我曾经在日记里记录了自己的感情，后来再看，当然觉得那时候真是太幼稚了。中学时，我还把带着小锁的日记本扔进了垃圾桶里。高中时，我曾经把写有隐私的日记本销毁了。长大以后的日记是我用电脑的 Word 程序写的，某天我重新读了一遍那些日记，忽然想到，在我死后如果我的家人读了这样的日记会怎么想呢？我越想越觉得恐惧（到底是什么内容），因此经常删除一些日记。居斯塔夫·福楼拜的《庸见词典》中有关于“私生活”的“庸见定义”，他说：“虽然私生活是尽人皆知的，但如果留下文字记录，私生活就会变成正式的东西。”

为了缓解压力，或者在某一瞬间被某种感情所掌控的时候，我通常会写写日记。我给这样内容的日记设了时限，限定在一周之内删除。因为那样强烈的愤怒和悲伤，似乎需要整整一周的时间才能治愈。虽然当时的心情那么真挚，可是过一段时间再读的话，不知道为什么，常常会觉得有点难为情。

感情这种东西，总是需要时间打磨，才能慢慢变迟钝。

为了不让自己后悔，我曾经下决心不让周围的人变成感情垃圾桶，无论是快乐还是悲伤，都云淡风轻地分享给别人。不因为高兴就喜形于色，也不会因为崩溃而悲伤。我不是猫，所以有时候我不能简单地生活。

“不要太多，也不要太少，要恰到好处”，这是瑞典“拉戈姆”（Lagom）精神的内涵，与之相近的还有柏拉图和孔子的中庸思想。

无论是东方还是西方，都强调“不缺也不滥”的均衡的生活态度。我也是这样，不会怀着“我比你强或者我不如你”的念头自傲，或与别人攀比，我想和周围的人保持清静平等的关系，所以一度努力让日记成为我唯一的情绪发泄口。

但是最近，用日记记录情绪这件事被我忘得一干二净。在公司里，无论对方说了什么，表面上我都可以照单全收，接受对方的话。我觉得，想为充满不确定性的未来做好准备的话，就得有这样的思想准备。当产生负面情绪的时候，与其瑟缩着身体坐在昏暗的房间里黯然神伤，不如把客厅里的窗帘拉下来洗洗，一边干活儿，一边让自己的想法变得简单起来。相比于把坏情绪记录下来反复回味，让身体动起来是更好的方法，坏情绪很快会在忙碌中烟消云散。

我觉得，写点什么，让时间在不知不觉中流逝是一件很有趣的事，这个时候的我是非常幸福的。因此，比起消失已久的日记，我更喜欢把最近关心的事通过文字留下来。现在，我热心于健康饮食法，喜欢收集和整理类似“纳豆在晚上吃更好”之类的可以直接应用于生活的各类信息；会把参观朝鲜美术史展览时获得的新知识整理下来：听完音乐会会简短地写下感受，留待日后重温当时的愉悦。

日本的一位平凡的工薪族——筱田课长用图画日记的方式，记录自己每日的饮食，连续记录了二十三年。我相信，这件事已经成为他每日的习惯，虽然我不知道他的记录是出于饮食习惯还是画画玩的习惯，但是我知道，他以一个人为代表，记录了不逊色于任何文化圈的饮食文化史。我想，如果我像筱田课长一样，把我现在关注的事情按照主题分类，进行长期的收集整理，那么，我所热爱的日常生活就会成为一段历史。

把新的经历用文字表达出来的那种快乐，如果到生命的尽头时再拿出来重新读一读，一定会觉得非常有趣吧？这趣味之一，很可能是写成一本对所有人都有帮助的文集。我突然想，这样的文集虽然不是什么独特的志愿活动，但是这种兴趣会不会为世界做一点贡献呢？

成为生机勃勃的成年人

"人上了年纪，一定得有自己的工作和爱好。"

这是我从一位40岁出头的同事那里听到的话，这句话跟我迄今为止遇到的众多前辈的建议如出一辙。人的一生，金钱贯穿始终，而填满这"始"与"终"之间的是人们对于生活始终如一的热爱。随着年龄的增长，我们对待生活的态度会逐渐改变。无论此刻是多少岁，这个年龄我们都是第一次经历，对于这个年龄该有的样貌一定是陌生的，因而，需要我们根据情况不断修正自己的人生态度。在一点一点改变生活轨道的过程中我体会到，只要我们心中有强烈渴望的东西，即使很小，生活也不会无聊。

若论能在平淡的日常中激发人活力的事情，我首推学习，在学习中我找到了快乐。从生活妙招到人文知识，再到职业教育，无论学什么，都让我深刻地感受到未知的世界有多么广阔。

最近我在读《论语》，反复咀嚼着每一句话的含义。读《论语》是源于我对朝鲜美术史的兴趣，我想读懂文人画作上的句子，想知道为什么会写这样的句子，想知道那个时代人们的思想和信念。出于好奇，我一边欣赏名家画作，一边思考，我认为画作和跋文所传达的那个时代的统治理念本身，就是士大夫的自我成就。同时，他们将自己的理想和愿望像水母一样透明地表达出来。

朝鲜时代著名的士人茶山丁若镛[①]，想在君主面前好好表现自己，称颂是君主的贤德创造了当下的太平盛世，并且以中国上古时代的明君故事为喻。他阿谀奉承的样子，让人觉得他只是把自己想要立身扬名的欲望包装得很有品格。但是，当我看到他在流放地为祝贺女儿成婚而画的《梅花双鸟图》时，对他的印象立刻改观了，那简练质朴的画面中饱含的思念和士大夫们卓尔不群的气节让我心潮澎湃。

我虽然不太了解讨论“理”和“气”关系的程朱理学，但是从书画中我看到了与时代无关的、活生生的人的形象。我喜欢读着历史人物留下的只言片语浮想联翩。很多时候，原本兴味盎然的领域因自己的一知半解而浅尝辄止，未免太可惜了。但如果深入钻研下去，可能会走向一个新的世界。目前哪怕只是浅浅地涉猎，也是有意义的。

① 丁若镛（1762—1836）：字茶山，是朝鲜李朝的一名哲学家，著作有《经世遗表》《牧民心书》等。

当然，我也会带着自我提升的目标开始学习。比如，为了开花店，我雄心勃勃地学习插花技艺长达六个月的时间，也曾盲目地开始学习法语和西班牙语，还去上了补习班……但是都没有取得什么成果，因为我中途放弃了。

“你必须把那些简单但有益的习惯坚持下去，不要因为没有进步、没有成果就改变想法和方向。如果你一会儿干这一会儿干那，没有人能给出你好的建议，因为你太变化无常了。”

在《泰坦的工具》这本书中读到的这段话使我受到了强烈的冲击，我深深地意识到自己就是一直在改变想法，改变方向，甚至一会儿干这一会儿干那，这种态度确实与有所成就相距甚远。

“50 岁以后，我想做一些之前没有做过的事情。”

一位社会学教授这样说。他被邀请以美食为主题进行演讲，他说，这样的演讲对他来说也具有挑战的意味。那一刻，我感受到包括我在内的听众们无声的支持。坚持做一件事和不断挑战新事物，这二者之中到底哪一个会让我的生活更加丰富呢？关于这个问题，我短暂地思考了一下，发现和往常一样，没有正确答案。但是我得出一个结论：在坚持做一件事的同时，一点一点地尝试一些新事物，是最适合我的方法。

半途而废肯定是有原因的，但如果你没有彻底放弃，那么重新开始就可以了。因为一旦过了“开始”这个最艰难的阶段，暂时中断之后再重新开始其实并不难。而且，任何学习都不会是没用的。我的终极目标不是“完成”，而是一直做下去，同时，我也一直坚持尝试过去没有做过的事情。在这样的理念指导之下，每个周末我都会冷静地寻找一两件在未来生活中想做但此刻还不确定的事情。对心之所向的东西少一点慎重和犹豫，会让生活更有惊喜感。

“之前稀里糊涂开始的这件事，我居然一直在做欸！”几年前，我为了给突然开始思考未来的自己送一份礼物，每个月定期存 10 万韩元。我想，就算不知道这笔钱将来会用在什么地方，也先把启动资金攒出来，会不会更有助于看清自己真实的心愿？怀着这样的想法，我开始攒钱了。这既是日常生活中的小小仪式，同时也有点为未知的梦想积累备用金的味道，不知何故，我竟然感觉得到了来自自己的支持和帮助。

一想到存在梦想存折上的钱将来会用在某个地方，我就会有点小感动。想做的事比要做的事更多，这样的人生，该有多么令人激动。我梦想着这样的人生：即使年纪大了也不会害怕变化，一直尝试新事物——我想成为那样生机勃勃的成年人。

好习惯清单

生活中的小确幸

1. 偶尔看早场电影

周末也像平时一样七点左右起床的我，偶尔会一个人去看早场电影。当然，提前一天订好票，制订好计划之后才会行动。电影票可以打折是一大好处，最重要的是早场电影观众少，可以不受任何干扰地观影——不用听到周围观众窃窃私语地讨论“哪个是犯人”，不用闻着爆米花甜腻的香气，也不用被不时响起的手机铃声打扰。早场电影是一段不会让人眼花缭乱的清静时光。

2．养一盆植物当宠物

我有时候会像电影《这个杀手不太冷》里的莱昂一样，带着家里唯一的植物宠物“散尾葵”出去散步（当然电影中不是散步）。请试着想象一下我的样子。我现在所住的房子不适合养宠物，我也没有照顾好一只宠物的信心，而且以后也不打算养宠物。此前，一位朋友把这盆散尾葵作为礼物送给我，说是可以净化空气，就这样，散尾葵成了第一个踏入我家的“可持续生命体”。我定期给它浇水，偶尔施一点营养素，随手修剪黄叶，对它的照顾仅此而已。有一天，这盆散尾葵长出一片新叶子，细小而嫩绿的新叶让我感受到生命的奇妙。从此，我对这盆花产生了感情，它成了我的植物伴侣。只是它到现在为止还没有名字，可能是我的某种恐惧心理在作怪，总觉得太过珍视的话，万一什么时候出了岔子，我会很伤心。

3．笨拙但有趣的手写书信

有一天，我在百货商店买了几件适合夏天穿的睡衣和裤子，不是给我，是给父母的。我叫快递把礼物送过去之前，手写了一封信给父母。新年时，还有父母过生日时，我都会手写一封书信，把它和朴素的礼物一起送给父母。可能在父亲母亲眼里，我做什么都很可爱吧。过新年的时候，我把传统吉祥物之一的虎鹊图画在卡片上，还写了一行字，问他们我画得是不是很好。对于我这样强行讨要肯定答案的行为，父母只是微笑着不说话——但是没有关系啊，因为我在画那幅画的时候真的感觉很有趣。

4．一日体验课带来的新鲜感

有兴趣爱好的人们都很好学，喜欢上各种各样的课，我也是这样。我很喜欢参加文化中心或者某些品牌主办的活动，或者插花之类的一些课程。其中，我印象最深的是芭蕾舞课。我是跟朋友去的芭蕾舞班，虽然是新手，但我觉得穿着美丽的芭蕾舞服跳舞的人们，看起来像法国印象派画家德加画中的舞者一样美不胜收。我感受到了做自己喜欢的事情时的陶醉感，可以暂时从属于这个我从未经历过的新领域，这大概就是一日体验课的魅力吧。

5．两个人旅行很有趣，但偶尔也一个人去

众所周知，旅行的收获因人而异，跟谁一起去往往决定着游历深度和回忆的不同，从这一点上来说，选择一个合适的同行者非常重要。二十五六岁时，我第一次战战兢兢地独自去海外旅行了一趟，那之后，我一个人走了很多地方。去美术馆饱览名画，

参加主办方为游客准备的烹饪课程等，这些行程都很开心，但偶尔也会觉得无聊。现在，我和最要好的朋友两个人一起去旅行，玩得非常愉快。不管是在一起笑，还是意见发生冲突，都会因为两人在一起而产生了很多美好的回忆。

6．周末去欣赏古代绘画作品

周末我喜欢去美术馆参观绘画作品展。我不会刻意比较现代美术、印象主义、巴洛克时期绘画的异同，只是为了转换心情。最近，我对古代美术越来越感兴趣，经常去博物馆参观。无论是什么展览，越是翘首企盼的展期，就越是要一个人去，每次我都会沉浸在展览中长达三个小时。如果有人同行，为了关照对方的喜好和进度，我一定无法全身心地沉醉在观展中。周末投入大部分时间的博物馆之旅带给我美的享受，面对艺术作品时内心汹涌澎湃的感动，我想一个人尽情地享受。

7．每天尝试一种新的蔬菜烹饪法

虽然我偶尔也吃点牛肉，但我现在的饮食习惯已经接近于素食者，对于肉食几乎没有什么欲望了，所以我一般不会做肉菜。不过，我非常喜欢开发新的蔬菜菜品，比如，吃莲藕的时节到了，我会把莲藕切成小丁，配上泡开煮熟的鹰嘴豆，加入青蒜酱拌在一起吃，类似这样的创新菜式很多。人们都说一个人的餐桌很容易单调应付，但是我的餐桌常常被新开发的菜品填满。

8. 读书，还是读书

最近读书俱乐部人气爆棚啊！很多人喜欢在读了同一本书之后互相分享心得，虽然这样的分享会让我们对书的内容理解得更深刻，但是对要读的书堆积如山的我来说，有点舍不得把时间花在参加书友会上。我想把这个时间用来读书，所以一直以来我都是一个人读书。读书与其说是一种乐趣，不如说是一生的习惯，对我来说，读书就像呼吸一样不可或缺。读书的人大都喜欢探索内心深处的世界，通常不太擅长社交，这可能是我的偏见，但这句话说的就是我。有时候我会在野外读书。天气晴好的日子，在图书馆外面的长椅上看书真是一种享受，露天的“阅读室”真是一个恬静平和的空间啊。

结语

今天创造了明天

昏暗的家里，卧室灯的亮度调得很低。在这样冷飕飕、黑漆漆的夜晚，我给暖水袋灌满热水，推进被窝里。窗门紧闭，在轻软蓬松的冬被上，搭一条满载着京都回忆的驼色布艺毯子，更增添了被子的温暖气息。我靠在床上的一个大枕头上看书，直到睡意袭来。安静地度过睡前时光，心无杂念地入睡的瞬间，我感受到，哪怕每天只是这样平淡地过日子，人生也已经是快乐的了。与其下定决心做一件了不起的事情，不如认真地活在当下。

在本书中，我对自己洒脱的日常生活多有赞美，但也没有隐瞒自身不足所带来的怀疑和担忧，就这样原原本本地直接呈现在读者面前了。即使怀着轻松的心态生活，也只是压力略微减轻而已，内心的不安是不会消失的。不妨承认自己的不安，正如俗语所说："没有糟糕的天气，只有不合适的衣服。"与其责怪外界的情况，不如千方百计寻找应对的方法。

按照时光流逝的节奏自然地生活；承认"计划周全也可能无

法尽善尽美”；无论何时都把健康放在首位；内心茫然时，不妨从自己的清秀之态中获得慰藉；想有所成就，就要少说多做。

在写这本书期间，我思索了将我引领到现在境界的几个决定。回看自己，我得到了积极正面的建议，终于养成慢慢吃东西的习惯，多次中断的学习也习惯性地接续下去。此前一直想培养的几种好习惯，现在已成为日常生活中自然而然的程序，真是卓有成效的一段时间。

久怀心中的目标不知何时才能实现，因为终日环绕着我的实际情况看起来依然如故（也许会突然改变）。因此，“继续下去”四个字成为我重要的生活方向。我每天都把要做的事情记下来，认真地去做，不知不觉间也或大或小地取得了一些成就。

即使目前尚无所成，那些时间也终将会以各种方式对我产生裨益，绝对不会白费。如果想知道未来的自己会是什么样子，只要审视一下现在的自己就可以了。正如过去的我创造了现在的我一样，现在的我终将成就未来的我。

在此，向给予这本书无私帮助的所有人致以诚挚的谢意。

在我度过童年时光的地方

申美京